Apple《アップル》

さらなる成長と死角

ジョブズのいないアップルで起こっていること

竹内一正
Kazumasa Takeuchi

ダイヤモンド社

はじめに

アップル神話は終わったのか。それともさらなる成長の序章なのか。さまざまな声が聞こえてくる。アップルはとかく世間からあれこれ言われる会社だ。

しかし、誰がどう言おうと、アップルはスティーブ・ジョブズの会社だった。

ジョブズが瀕死のアップルに奇跡の復帰を遂げると、アップルは見事に蘇った。iPod、iPhoneなど革新的な製品を生み出したジョブズあってのアップルだと世界は確信した。ジョブズはビジョナリストであり、イノベーションの天才であり、なによりカリスマだった。

だからこそ、ジョブズがすい臓がんで亡くなったとき、「アップルは失速する」と思った人は多かった。

ところが、後を継いだティム・クックは、ジョブズ亡き後のアップル社の売上高をさらに伸ばし続け、そして2018年夏にはビジネス史上初の時価総額1兆ドルを突破し、iPhoneの累計販売台数は15億台を超えた。

もっとも、2018年の年末商戦でiPhoneは販売台数を伸ばすことができず、アップルの株価は急落した。いわゆるアップルショックだ。ただ、トランプ大統領が仕掛けた米中貿易戦争、中国経済の減速、スマホ市場の飽和といった環境要因もあったことは忘れてはいけない。

南部アラバマ州生まれのティム・クックは学生時代から優秀だが、目立たない人物だった。その性格は社会に出てＩＢＭやコンパックに勤めても変わらなかった。アップルに入っても、太陽のようなジョブズの裏方に徹した。しかし、アップルは裏方に徹したティム・クックによって財務体質を奇跡的に改善していくのだった。

本書は、性格も才能もジョブズとは正反対のティム・クックが、ジョブズ亡き後のアップルをどのように成長させてきたかを紐解きながら、アップルの成長と死角を多面的に掘り下げる。

新製品を生み出し世界をリードするアップルでは、開発部門やデザイン、マーケティング部門が花形である。一方、オペレーション部門は縁の下の力持ちで、アップルのヒエラルキーでは〝最下層〟だった。

ティム・クックはこのオペレーション部門出身だ。オペレーションとは物流や在庫管理を行う〝裏方〟の部署で、華やかさとはまったく縁がない。地道で泥臭い仕事だ。

では、なぜジョブズは後継者に、そんなオペレーション出身で、地味でプレゼンも上手くないティム・クックを指名したのか？

振り返ると、クックが来るまでのアップルはいつもカネに困っていた。今のアップルしか知らない人々には驚きかもしれないが、宿敵マイクロソフト社にジョブズが資金援助を求めたのはクックが入社するほんの1年前のことだった。

そもそも〝在庫管理〟というものにジョブズは興味を持っていなかったし、アップル社員の大半が同じだった。その結果、アップルは新製品を立ち上げるたびに、旧製品の在庫処理で莫大な損失を出し、経営を圧迫する失態を繰り返していた。

しかし、アップルに入ったクックは、オペレーション部門の責任者としてCEOジョブズの下で抜群の働きを見せた。アップルの工場を次々と閉鎖して、鴻海《ホンハイ》などサプライヤーに生産委託し、在庫回転率を上げ、赤字から黒字へと財務体質を劇的に改善した。

そしてジョブズが亡くなったときには約9兆円のキャッシュを積み上げた。クックがCEOを引き継ぐと、ピーク時には約30兆円のキャッシュを保有するまでになった。

アップルはiPodやiPhoneなど革新的な新製品にばかり目が行きがちだが、舞台裏でティム・クックがオペレーションを完璧にコントロールし、財務体質を強化したからこそ、ジョブズは資金繰りの心配をせずにイノベーションに精力を注ぐことができたのだった。もし、クックがいなかったら、iPhoneが生まれる前にアップルは資金切れを起こしていたかもしれない。

そんなティム・クックCEOが戦う敵は、手強く、ずる賢く、野心満々な連中ばかりだ。それは時にサムスンやファーウェイなど中国のスマホ企業であり、個人情報問題を起こすフェイスブックであり、さらにはトランプ大統領や中国の習近平国家主席だ。

トランプ大統領は「米国内にアップルの工場を建てろ。そうしないと高い関税をかけるぞ」とクックCEOを脅し続けている。クックは脅しに屈するのか。

そして、クックCEOが戦う敵は〝ジョブズの亡霊〟のときもある。「クックCEOになってからのアップルはイノベーションを生み出していない」という批判は少なくない。さらに、21世紀だからこそ地球環境やサプライヤーでの労働問題も重くのしかかってくる。

現在、iPhone神話に陰りが出てきたのは事実だ。では、iPhoneにどんな手を打つべきなのか。ポストiPhoneはあるのか。そして、アップルはさらなる成長ができるのか。

ジョブズ時代と大きく異なるアップルとティム・クックの戦いぶりを見つめながら、その未来を考えていきたい。

アップル さらなる成長と死角

目次

第1章 ジョブズ亡き後アップルは、なぜ売上を2倍、株価を4倍にできたのか

第2章 iPhoneという金鉱脈

第3章 恐るべきオペレーションのパワー

第4章 地球環境を守るための戦い

第5章 金儲けか、プライバシー保護か

第6章 ティム・クックの新たな戦い

第7章 アップルの未来

第１章

ジョブズ亡き後アップルは、なぜ売上を2倍、株価を4倍にできたのか

ジョブズの後継CEOになった男

２０１８年8月、アップル社は時価総額1兆ドル（約１１０兆円）を超えた。これは世界初の快挙であった。

スティーブ・ジョブズが２０１１年10月にすい臓がんで逝去してから7年。天才経営者ジョブズがいなくなった当時、アップルはダメになるという声が数多く聞かれた。

だが、ジョブズが指名した後継者ティム・クックはＣＥＯとして7年の間にアップルの売上を2倍に、株価を4倍にしてみせた。

２０１８年度の売上２６５６億ドル（約29兆２１６０億円）、利益は５９６億ドル（約6兆５５６０億円）、ｉＰｈｏｎｅの年間販売台数は2億台を超え、世界のスマホ市場の利益の約９割を占める。

南部アラバマ州生まれのティム・クックはジョブズ存命中、とりわけ優秀な脇役だった。ジョブズを支えＣＯＯ（最高執行責任者）としての働きは天下一品だと皆が認めていた。

だが、それはあくまでＣＯＯとしてだった。

ティム・クックに対するアップルCEOとしての世間の期待値は決して高くなかった。シリコンバレーのある大物投資家にいたってはティム・クックがジョブズの後継CEOになる可能性についてこう否定していたほどだ。「必要なのは単に仕事ができる人間ではない。素晴らしい製品を生み出すアイデアマンだ。ティムは違う。彼はオペレーションを外部委託する会社のオペレーション担当だ」

下流組織のオペレーション出身者を後継CEOにしたわけ

まさしくティム・クックはオペレーション部門で実績を積み上げた人物だった。

オペレーションとは物流や生産・在庫管理を行う〝裏方〟の部署で、華やかさとは縁がない。部品の一つ一つから製品の1個1個まで細かく泥臭く在庫管理をして、鴻海精密工業をはじめとした国内外のサプライヤーから消費者までの物流を滞りなく行う。アップル直営店の在庫が切れていないか心配し、カスタマーサポートにも気を配る。

とりわけ、新製品を次々と生み出し世界をリードするアップル社では、R&Dやデザイン部門、マーケティング部門が花形だったし、いまでもそうだ。一方、物流やカスタマーサポートなどのオペレーション部門は縁の下の力持ちであり、アップルのヒエラルキーでは〝最下層〟と思われてきた。だからこそジョブズは後継者にオペレーション出身のティム・クックを充てたともいえる。

もしもジョブズと同じように、世の中にない製品を発想し、デザインにこだわり、ロックスターのように観客を魅了するプレゼンテーションをやってのける人物がジョブズの隣にいたら……ジョブズは必ずこの人物を葬り去っただろう。

ジョブズはマッキントッシュの技術をパクってウィンドウズを作ったビル・ゲイツを嫌っていた。だが、ジョブズが一番嫌いなのは、実はジョブズと性格と能力がよく似た人物なのだ。

ジョブズが太陽ならクックは月だった。太陽が二つでは宇宙はバランスを失い、爆発してしまう。

カネがなかったアップル

背が高く物静かなクックは健康マニアで、働いているとき以外は運動していると言っていい。自転車やウエイトリフティングはクックの好みだ。朝の5時過ぎに高級フィットネスクラブで汗を流し、休日になるとヨセミテ国立公園でハイキングを楽しむ。

そんなクックは1998年にアップルに入ると、ジョブズが苦手とするオペレーションを一手に引き受けた。オペレーション部門の責任者としてカリフォルニア州サクラメント工場もシンガポールの工場も閉鎖して、製造を外部委託することで無駄な在庫を圧縮し、バランスシートを改善することに挑んでいった。iPodやiPhoneの生産を委託したサプライヤーに対し、高度で複雑な生産管理を行い、在庫回転率を上げ、キャッシュを見事に積み上げてくれた。

おかげでジョブズは、世界を驚かせる製品を生み出すことにエネルギーを注ぐことができた。ピーク時には約2689億ドル（約30兆円）ものキャッシュを積み上げたアップルだが、実は、クックが来るまで、ジョブズとアップル社は資金繰りに四苦八苦していた。

切羽詰まったジョブズはあの憎き〝宿敵〟に助けを求めたほどだった。その話をしておこう。

時は1997年8月に遡る。

ボストンで行われたマックワールドでジョブズは衝撃の発表をした。詰めかけている観衆を歓喜させるのがジョブズの常道だったが、このときは違った。

ジョブズは「マイクロソフトと提携する」とステージ上で言ったのだ。その瞬間、会場は凍りついた。

感情かビジネスか

舞台裏でジョブズは憎きマイクロソフトと交渉を進めていた。ジョブズの提案は、「マイクロソフトがウィンドウズを開発した際にMａｃの重要な部分を盗用した」としてアップルが起こしていた訴訟を取り下げること。

その代わりに、マイクロソフトはアップルに投資を行う。具体的には1億5０００万ドル相当の議決権なしのアップル株を購入し、少なくとも3年間は売却しないこと。そして、Mａｃ用のアプリ、ワードとエクセルを開発することだった。ジョブズの前任CEOギル・アメリオ時代まで、マイクロソフトはMａｃ用のワードもエクセルも作らなくなっていた。

しかし、マッキントッシュが世に出た1９８4年当時には、マイクロソフト社はMａｃ用のワードとエクセルを開発して提供していた。この頃の両社の力関係は、快進撃を続けるアップルとジョブズのまばゆい輝きを、ビル・ゲイツとマイクロソフトは下から恨めしそうに見上げている状況だった。それはウィンドウズ95が登場する10年以上も前のことだった。

マウスを使いカーソルを動かしＰＣに指示を出すグラフィカルなユーザーインターフェイスを持つマッキントッシュが登場すると、ビル・ゲイツはこれをためらいもなくパクって、まんまとウィンドウズを作り上げた。そして、ＯＳ市場を独占した。ウィンドウズを見たジョブズが激怒したのは言うまでもない。

さて話を１９９７年８月のマックワールドに戻そう。既にＰＣ市場を牛耳るマイクロソフト社とビル・ゲイツは独裁者ビッグブラザーであり、アップルファンにとっても親の仇同然だった。

しかし、その親の仇から１億５０００万ドルの金を恵んでもらわなければいけないほどジョブズとアップル社は資金難に直面していたのだ。ジョブズが日本に来て邦銀にも資金提供を求めたことがあったことを付け加えておこう。

いずれにしても当時のアップルの時価総額は約25億ドルで、これにより、マイクロソフトの持ち分はおよそ６％になった。今から考えればわずか１億５０００万ドルの金額だが、それさえ１９９７年の、つまりティム・クックが入社する１年前のアップルにとっては死活問題だったのだ。

ティム・クックも、アップル社とマイクロソフト社の提携のニュースは耳に入っていた。この頃のクックは、12年勤めたＩＢＭを辞めてコンピュータ販売会社のインテリジェント・エレクトロニクス社で経営幹部として働いた後、ＰＣ業界でシェアナンバーワンになろうとしていたコンパック社の購買部門の副社長として勤める道を歩んでいた。すぐ先の未来にスティーブ・ジョブズとアップル社が待っていようなどとは、毛ほどの予感もなかった。

アップル社の三つの価格

ティム・クックが来るまでのアップル社では、新製品を市場投入するたびに旧製品の膨大な在庫に悩まされていた。このことに世間の多くの人々はまったく注意を払っていなかった。人々もマスコミも気にするのはアップルの新製品だけだった。

しかし、実際には数百万ドルもの損失となって、アップルを苦しめていた。いかにして不要な在庫を最少化するかは、アップルの経営にとって大きな問題のはずだった。

それにもかかわらず、世界を驚かせる製品を生み出すことに全力を挙げるアップルにとって、創業以来、在庫管理という仕事のプライオリティは極めて低かった。ジョブズにとってもアップル社員全員にとってもそうだった。

私がアップルのプロダクトマーケティング部門で働いていた１９９５年頃、つまり、ク

図1　ティム・クック以前のアップルの価格戦術

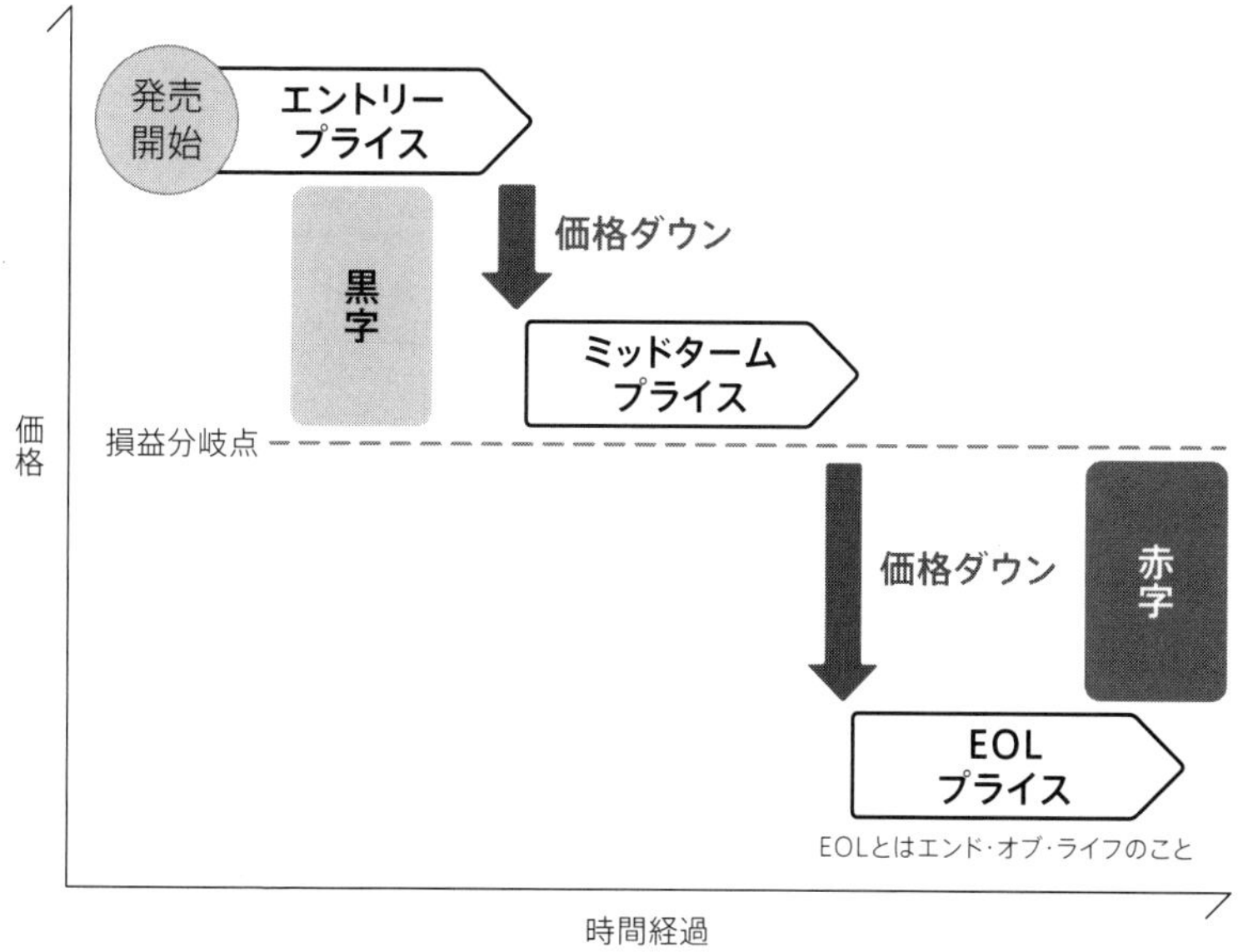

ック登場以前では、「アップル製品には三つの価格サイクルがある」といわれていた。

詳しく説明しよう。まず、最初の価格がエントリープライス（初期価格）で、新製品を発売したときの価格である。しばらくするとミッドタームプライス（中間期価格）にガツンと下げて、最後にＥＯＬプライスを付けることになる。ＥＯＬとはエンド・オブ・ライフの意味で、いわば「叩き売り価格」だ。新製品が登場すれば旧製品に価値はない。

当時のアップルは、エントリープライスで利益を稼ぎ、ミッドタームプライスは利益スレスレで、ＥＯＬプライスだと赤字になった。三つの価格全体を総じて利益が出ればいいという考え方をしていた。それはプロダクトマーケティングだけでなく、アップル全体がそうとらえていた。じつに大雑把な考え方だったが、創業者のジョブズとウォズニアックの思考回路を反映したものとも言えた。

たとえば、35万円の初期価格で販売開始したマッキントッシュは、時間経過とともに販売が減速していく。するとある日、ミッドタームプライスの25万円に一気に価格変更する。すると、また販売は息を吹き返すものの、長くは続かない。そして、次の新製品が登場するタイミングに合わせて、ＥＯＬプライス15万円の叩き売り価格に突入するというのが毎度のパターンだった。叩き売り価格で販売しなければいけないということは、不良在庫そのものを意味していた。

これは、ユーザーにとっても困ったことだった。たとえば、週末に秋葉原の家電店で25

万円のマッキントッシュを買って意気揚々と自宅に帰ったアップルユーザーが、月曜日に同じ製品が15万円に価格変更されていることを発見し、激怒するというパターンが珍しくなかった。

新製品の投入に伴う旧製品の在庫損失はアップルの経営に多大な悪影響を及ぼしたことはもちろんだが、アップルユーザーの信頼を損なう事態も同時に引き起こしていたのだった。

企業には2種類ある。新しいものを生み出して〝攻める企業〟と、他社を真似たり、出来上がったものを地道にコツコツ管理して〝守る企業〟だ。アップルは典型的な攻める企業として爆走してきた。だから、在庫管理といった守りの作業はおろそかになっていたし、社員のマインドセットも同様だった。企業とは、良くも悪くも創業者の遺伝子を引き継ぐものであり、致し方なかった。

1998年にコンパックから来たティム・クックは、在庫管理というジョブズにとって一番苦手であり、価値さえ感じていなかった本質的かつ経営的に重要な問題を、長年培ってきた高度なオペレーションのマジックで革命的に改善していった。その威力はジョブズが期待した以上のものだった。

長時間のマラソン会議

クックは倹約家だ。パロアルトのジョブズの自宅から2キロほどの場所に2010年頃まで住んでいたのは借家だったし、やっと家を購入したと思ったら、敷地面積は普通の半分くらいで、駐車スペースは1台分だけと慎ましいものだった。

独身で、本人は認めないが飛び切りのシゴト人間で仕事中毒(ワーカホリック)だ。アジア出張のときは、飛行機の中で睡眠より仕事に時間を割き、出張先に夜明け頃に着くや休憩する間もなくシャワーだけ浴び、現地メンバーを集めてすぐ会議に突入する。

出張先のアジアから戻るときも、朝7時に空港に着くやアップル本社に直行し、1時間後には自分のデスクでスプレッドシートを前に部下に質問をぶつけ、問題点の洗い出しが始まる。スタミナもティム・クックの強みだ。

クックの会議は4~5時間と長時間に及ぶことがざらである。在庫を1点ずつ細かく追いかけるには時間がかかる。さっとやって「あとは任せたよ」では役に立たない。長時間のマラソン会議になる覚悟で部下たちは準備をし、万全の態勢で会議に臨む。

ジョブズの会議が〝感性〟で進行するならば、クックの会議は〝合理性〟で埋め尽くされている。

ジョブズと違ってティム・クックは、怒りに駆られて部下をしかり飛ばすことはしない。だが、会議に準備してきた在庫データが不十分だったり、問題点の詳細を聞かれて「担当者から報告させます」などと答えようものなら、存在価値を否定する視線がティム・クックから向けられる。沈黙で相手を追い詰める。

「在庫は、乳製品と同じだ」

細部にまで細かく口を出すのはジョブズと共通している。ただし、クックの場合は製品に対してではなく、在庫管理の表計算スプレッドシートを相手にしてだった。そして、ジョブズが理想主義だったのに対し、ティム・クックは現場主義だ。

第2世代のPowerBook G3の生産をアジアで行っていたときのこと、計画通りに生産が進まないという問題にぶつかった。クックは会議の席で課題を掘り下げ、部下に質問を投げかけていった。結局、部下の一人をアジアの生産現場に送り込んで解決に当たらせることを決定した。

会議はその後も30分ほど続いていたが、クックが突然気づいたように「君は、どうしてまだここにいるんだ」とアジアの現場に出張することになった人物に向かって問いかけた。この人物は慌てて席を立つと、すぐさま空港に向かい飛行機に飛び乗ったことは言うまでもない。クックは会議室の中だけで問題が解決できると考えているような甘チャンではない。現場に行かなければ嘘と本当の境界線は見定められない。キレイ事ではオペレーションは回ってくれないのだ。

アラバマ州のオーバーン大学で生産管理を専攻したクックは、ジョブズとは違う武器で恐れを部下に抱かせる。ジョブズが溢れる情熱と鋭い舌鋒とで部下を抑え込んだのに対し、ジョブズより5歳若いクックは〝沈黙〟で部下をコントロールしていく。質問に部下が答えられないときは、じっと黙って相手を見つづける。部下にとってこのプレッシャーは耐え難い。iPhoneの生産受託を行う鴻海などのサプライヤーに対してもクックは同様の武器を効果的に使っていた。

クックは炭酸飲料のマウンテンデューとライム風味のエナジーバーが大好きだ。会議中でもポケットからエナジーバーを取り出して食べる姿をアップル社員はよく見かける。エネルギーを補給したクックはオペレーションの達人の本領を発揮する。

そして、在庫に関して常々こう諭した。

「乳製品と同じように考えて管理すべきなんだ。もし、賞味期限を過ぎたら問題だ」

この言葉はアップル社員たちにとって、目から鱗《うろこ》だった。在庫は時間の経過とともに腐っていく。そんなことを考えた管理職はいなかった。少なくとも、製品開発部門やマーケティング、デザイン部門で働く連中にとっては聞いたこともない価値観だった。古株のアップル社員たちはあっけに取られたが、クックの指摘は見事に本質を突いていた。

ビジネス界の歴史を変えるほどのアップルの好業績はｉＰｏｄ、ｉＰｈｏｎｅなど革新的な新製品によるものだと世間は思っているが、その裏でクックがオペレーションを完璧にコントロールしていたからこそ成しえた快挙だったことを理解しておかないと本質を見誤る。

クックは人付き合いがいいとは言えず、友達が多いわけではない。背が高く細身で、目立つことをしたがらない性格はＣＥＯになっても変わらなかった。

代金回収は早く、支払いは遅く

ＣＣＣ（キャッシュ・コンバージョン・サイクル）とは、簡単に言うと、企業が商品を販売して現金化するまでに要する日数のことで、資金効率を表す指標となる。

オペレーションの達人ティム・クックはアップルのＣＣＣを劇的に改善した。これはジョブズにはできなかったことだった。CCCは次の式で計算される。

CCC＝売上債権回転日数＋棚卸資産回転日数－買入債務回転日数

CCCは小さいほど資金効率がよく、CCCがプラスの値では運転資金の調達が必要だが、マイナス値では資金調達の必要がない。

売上債権回転日数とは、わかりやすくいうと商品を販売し、その代金を回収するまでの期間で、棚卸資産回転日数は部品や材料を仕入れて商品にするまでの期間だ。買入債務回転日数は仕入れ代金をベンダーなどに支払うまでの期間となる。

もし、ある製造メーカーが部品を5月1日に仕入れ、工場で完成品にして販売したのが5月10日。部品代を納入メーカーに支払ったのが5月22日で、製品の代金を顧客から回収したのが5月30日としよう。

この場合、売上の回収には20日かかり、棚卸資産の日数は9日、そして仕入れた部品代の支払い日数が21日となる。

すると計算は、

CCC＝20日＋9日－21日＝8日

CCCは8日となる。

図2　キャッシュ・コンバージョン・サイクル（CCC）の改善推移

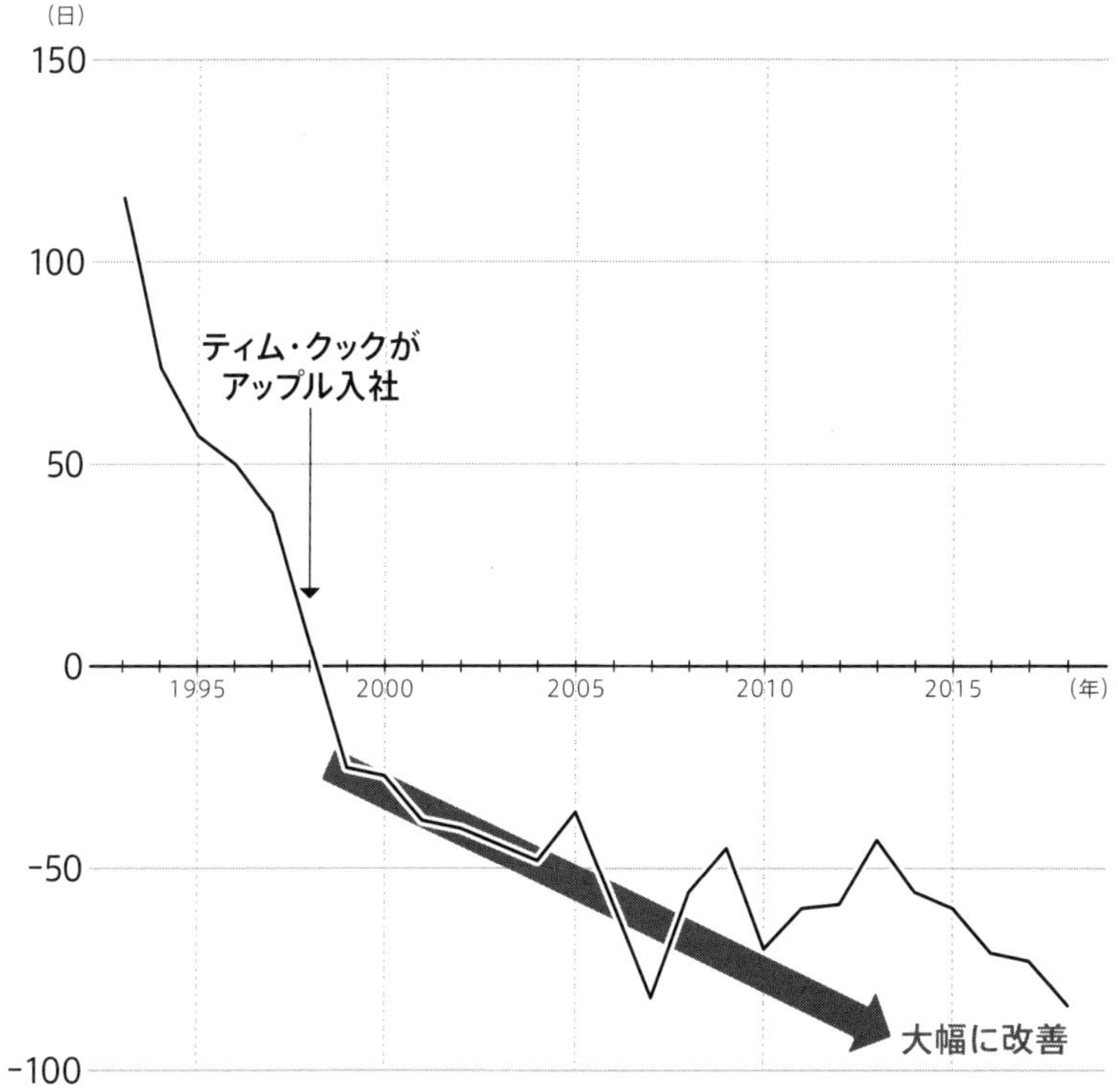

CCC＝売上債権回転日数＋棚卸資産回転日数－買入債務回転日数
売上債権回転日数＝売上債権÷売上高×365日
棚卸資産回転日数＝棚卸資産÷売上原価×365日
買入債務回転日数＝買入債務÷売上原価×365日

アップルのAnnual reportより抽出。期末値を使用。

では、アップルのＣＣＣはどうか。１９９３年から１９９６年まではＣＣＣはプラス１１６日から50日だったが、クックがアップルに来た翌年１９９９年にはマイナス25日とマイナス値への劇的な改善を成し遂げた。さらに２００２年にはマイナス40日と進化していく（図２）。これに伴い、アップルはキャッシュをどんどん積み上げていくことが可能となり、ジョブズは資金繰りの心配をしないで、得意の新製品開発に情熱を傾けることができた。２０１８年度のアップルのＣＣＣはマイナス84日だった。日本の製造業をみると、パナソニックがプラス約22日、トヨタはプラス約27日でアップルの凄さは際立っている。

強みを活かせ

経済学者のピーター・ドラッカーは、弱みの克服にエネルギーを費やすのではなく、強みをさらに伸ばすことこそが大事だと説いていた。ドラッカーは著書『経営者の条件』の中で「強みのみが成果を生む。弱みはたかだか頭痛を生むくらいのものである。しかも、弱みをなくしたからといって何も生まれはしない」と断じている。――苦手なことを嫌々やっても、大した結果は生まれない――

ジョブズの強みは、新しいアイデアを発想し、新製品を生み出すことだ。ジョブズの脳細胞は在庫管理には向いていなかった。

一方、ティム・クックは在庫管理のスプレッドシートの細部にまで目を配り、新製品が出るときは、旧製品用の部品がすべてなくなるよう高度で複雑なサプライヤー管理を徹底して行うことが得意だ。アップルのキャッシュ状況を劇的に改善していき、ジョブズが亡くなる直前には約816億ドル（約9兆円）のキャッシュをたくわえていた。

2017年になるとさらに経営体質は強化され、アップルのCCCを計算するとマイナス73日と驚異的な数値をたたき出すレベルに進化したから、約2689億ドル（約30兆円）ものキャッシュを貯めることができたのだ。

iPhoneは携帯電話に変革をもたらし、人々のライフスタイルを変えた。しかし、クックのオペレーションでの目覚ましい働きがなかったら、アップルという会社はiPhoneが生まれる前に資金切れを起こしていたかもしれなかった。

CEOティム・クックの経営術

ティム・クックとジョブズは異なる点が多い。

クックが2011年にアップルのCEOになって最初にしたことは、株主に配当を支払うことだった。

ジョブズがCEOのときには1セントの配当も支払わず、株主の不満は溜まり続けていた。非難囂々《ごうごう》だったと表現すべきだ。

2004年、アップルには現金等価物が約54億ドル（約5940億円）もあったが、ジョブズは株主との対立も平気で、配当の支払いを拒否した。ジョブズは本社で開く株主総会の席で、株主に配当を支払わないのかと追及されると、「株主に返しても、アップルの企業価値は上がらない」とにべもなかった。なるほど、ジョブズの言い分ももっともだが、それを言っては身も蓋もない。

ところで、アップル社が株主に配当金を払っていたのは1987年から1995年の9年間で、その間ジョブズはアップルにいなかった。ネクスト社とピクサー社で赤字と奮闘していた。

CEOティム・クックが決断した配当は、2012年7月〜9月期から1株当たり2ドル65セントを四半期ごとに支払う内容だった。もちろん株主たちは大喜びだったが、発行済み株式約9億株の配当支払いにかかる費用は年間約99億ドル（約1兆1000億円）に及んだ。

ジョブズが拒否し続けてきた配当の支払いをティム・クックが決定したとき、株を持たない世間の多くの人々は改めて株主からのプレッシャーがいかに強烈だったかに気づかされた。ともかく、クックは株主との〝対立〟よりも〝協調〟を選んだのだ。その後も配当金は増え続け、アップルの株主への配当金は総額で750億ドル（約8兆3000億円）もの巨額になる。協調はティム・クックの経営の中核をなすキーワードだ。そして、株主への配当支払いはアップル株を上昇させる後押しともなった。

株主への配当に続いてクックCEOは、向こう3年間で100億ドルを目途《めど》に自社株買いを実施していくことを決定。そして、自社株買いはこれまでで総額2000億ドル（約22兆円）に上った。さらに、2018年5月には新たに1000億ドル（約11兆円）の自社株買い計画を発表し世間を驚かせた。米国の大企業は手元資金が潤沢で、自社株買いに資金をつぎ込む傾向が強くなっているが、アップルはその中でも際立っている。

一般的には、自社株買いをすれば市場に出回る株式の数が減るので、経営指数のひとつである1株当たり利益（EPS）が改善されてくる。また、経営幹部へ高い報酬としてストックオプションをばらまくには都合が良い。クックへの忠誠心を株でつなぎとめるという見方もできる。

社員の慈善事業への貢献はありか、なしか？

さらにティム・クックは、アップル社員が行う慈善活動についても前向きな手を打った。いわゆる「マッチングプログラム」というもので、社会貢献活動として社員が寄付をした場合に、会社が一定比率を上乗せして助成する制度のことだ。

ところが、ジョブズは違う考えを持っていた。イノベーションの天才は社員の慈善活動には断然否定的だった。

「アップルがすることのできる最大の慈善活動は、アップルの価値を高めて、株主自身による信念で富を分配できるようにすることだ」とジョブズは考えていた。つまり、「アップル社員がどんな慈善活動をしようと知ったこっちゃない」という姿勢であり、「慈善活動はアップル株で大儲けした株主がやりゃいいんだ」ということだ。

物事をシンプルに考え、製品にもシンプルさを求めたジョブズは、公私にわたってとてもケチだった。アップルが１９８０年にＩＰＯ（株式上場）したとき、アップル株７５０万株を所有していたジョブズは２億ドル（当時のレートで約４５４億円）を超える純資産を一夜にして築き上げた。共同創業者のウォズニアックは約1億1600万ドル（約263億円）だった。このとき、社員の誰にどれぐらいの株を分けるかでジョブズはケチり、エコひいきをして社内を混乱に陥れた。

IPOでアップルの約1000人の従業員の中で、資産100万ドル以上の億万長者となったのは40人以上いた。だが、この40人は公平な基準で選ばれてはいなかった。

例えばダニエル・コッケは1株ももらえなかった。コッケはアップルIの回路基板の仕事を手伝い、アップル社では社員番号12番の古参社員としてアップルIIの組み立てからテストまで担当し、アップルIIIでも設計開発の仕事を任されていた人物だった。何よりコッケは、ジョブズが通ったリード大学で出会って親友となり、インドへのヒッピー旅行を一緒にやった仲でもあった。

コッケへの不公平な扱いに対して憤った開発部門の副社長はジョブズに直談判して、自分とジョブズの株からいくらかずつをコッケに渡そうと提案してみた。だが、ジョブズから返ってきたのは激高と拒絶だった。しかし、コッケは金が欲しかったのではなく、アップルでの働きを公平に認めてもらいたかっただけだった。

コッケだけでなく、クリス・エスピノザやビル・フェルナンデスといったアップル創業期から懸命に働いてきた社員たちもストックオプションをもらえなかった。

アップルの社内は金塊を手にした社員と、そうでない社員とで険悪なムードが立ち込めていた。この状況を救ったのは共同創業者のウォズニアックだった。

ウォズは、一握りの人間だけが莫大なお金を手にするのは不公平だと心を痛めていた。そこで、ウォズは自分の持っていた株式を格安の価格で社員に与える「ウォズ・プラン」を思いつき、実行した。ウォズ・プランは１００人近い人数のアップル社員に恩恵をもたらした。

社内で正しいことをしたとウォズを褒める声が高まる一方で、「ウォズは間違った連中に株をやってしまった」とジョブズは非難した。

さて、ジョブズと違ってティム・クックCEOは「マッチングプログラム」を導入し、米国内のアップル社員の社会貢献活動に対して、年間1万ドルまで会社が上乗せすることにした。

「アップルに、そして人々の生活に違いを生み出そうと懸命に努力する皆さんに感謝する」と全社員に向けてメールを出し「私はこのチームの一員であることをこの上なく誇りに思う」と結んだ。CEOがクックになってから社内の雰囲気がオープンになったことは確かだ。

地球環境を守ることへの本気度

地球環境問題への対応で今やアップルは世界をリードしている。しかし、最初からそうだったわけではなかった。２００６年のアップルの株主総会では、ジョブズＣＥＯに対し「環境対策が不十分だ！」と批判が出た。リサイクルの数値目標を求める質問が株主から相次ぐ始末だった。その前年には、株主総会が行われていた本社周辺で、アップルのリサイクル活動が消極的だと抗議のデモが行われるほどだった。

何はともあれ、２００６年の株主総会ではデモこそ起こらなかったが、株主総会でのリサイクル議論は熱を帯びた。それに対してジョブズは、アップルが行っている環境対策への世間の評価が低いことの方に強い口調で反論し、中古コンピュータのリサイクルに関して売上台数とリサイクル台数の比率はＨＰ（ヒューレットパッカード）より上回っていると弁明してみせた。だが、デルよりは低かった。この頃のジョブズはリサイクルなどの環境問題をつつかれることが大嫌いだった。それはジョブズが環境問題に消極的であることを意味していた。

ジョブズと違って、ティム・クックの環境問題への取り組みはケタ違いに積極的だ。

アップルのデータセンターは2014年から、100％再生可能エネルギーで稼働していた。そして、2018年4月、世界43ヶ国にあるアップル直営店やオフィスなどアップルの世界中の自社施設で使用する電力が100％再生可能エネルギー化を実現したことを発表し、世界を驚かせた。

クパティーノ本社のあるアップルパークは17メガワットの屋上太陽光パネルや4メガワットのバイオガス燃料電池などの9種のエネルギー源を組み合わせた100％再生可能エネルギーで電力が賄われ、余ったときは公共のグリッドに送電する仕組みになっている。日本企業でこのレベルのことをやっている会社は残念ながら見当たらない。

サプライヤーも100％再生可能エネルギーで生産する

アップルは、中国の六つの省での485メガワットを超える太陽光と風力のプロジェクトなど現在世界で25の再生可能エネルギープロジェクトを実施していて、発電容量は計626ギガワットとなり、2017年には286メガワットの太陽光発電が新たに稼働を開始した。日本でも第二電力とパートナーシップを結んでの太陽光発電のプロジェクトが進行している。

ティム・クックは「私たちの製品に使われている材料、そのリサイクル方法、私たちの施設、そしてサプライヤーとの取引において可能な限界を今後も押し広げ、創造的かつ未来志向の新しい再生可能エネルギー源を確立するつもりだ」と力強くアピールしている。

大企業が再生可能エネルギーを使っていると自慢げに言っても、よく見るとその下請け企業や部品サプライヤーが化石燃料などを使っていては全くもって看板倒れだ。

ティム・クックはアップルだけでなく、サプライヤーにもアップル向け生産を100％再生可能エネルギーで行うよう働きかけていた。

その結果、9社のサプライヤーがアップルのプロジェクトに新たに加わり、再生可能エネルギーでの生産を約束したサプライヤーの数は2018年時点で総計23社に上る。

時代の変化もある。もはや地球環境を無視して金儲けさえしていれば事足りると考えていては投資家からソッポを向かれる。そして、時代の要請をクックは敏感に感じ取っていた。

意外かもしれないが、アマゾンは地球環境問題に消極的だと批判を受けている。2018年にビル・ゲイツを抜き世界一の金持ちになった同社CEOジェフ・ベゾスはその点においてやり玉に挙げられていた。

CEOティム・クックは対立ではなく協調を選ぶ経営者だ。株主に対しても、社員に対しても、そして、地球環境に対してもこの姿勢は共通しているようだ。

中国ユーザーへの謝罪

アップルCEOとしてのジョブズは日本へ行くことがあっても、中国へ足を運ぶことはなかった。その役はCOOだったティム・クックが受け持っていた。ジョブズ時代において、中国の消費者は「アップルは中国を軽視している」と不満を心に秘めていた。

2013年、オバマ大統領の2期目の就任式に多くの米国人が感動したその熱も冷めやらぬ3月、中国の国営中央テレビが「アップルは中国の消費者を二級市民として扱っている」と報道し、CEOになって約1年半のティム・クックとアップル幹部たちを慌てさせた。

それによると、中国の法律では2年間の製品保証を付けなければならないのに、アップルの製品保証は1年しか付けていない。また、iPhone4とiPhone4Sが故障したときは、中国以外の国では新品に交換するのに、中国では部品交換だけの対応になっていると批判した。

国営の中国中央テレビの放送があった日は「世界消費者権利デー」で、2時間の特集番組を組んで放送していた。この番組は消費者の権利をアピールするために、企業の悪辣ぶりにスポットを当てる趣向で、このところ、マクドナルドやフランスの小売業カルフールなど外国企業が吊るし上げられていた。だが、番組の影響力が強いことは確かで、企業サイドも無視するわけにはいかなかった。

中国が直面する深刻な問題、つまり環境汚染などを起こしている中国企業の問題点から目をそらすためにやっているという見方もあった。

ただ、そこまで深読みしない視聴者たちが、アップル批判をネットに数多く投稿したのは言うまでもなかったし、アップルを叩こうとするオピニオン・リーダーたちからの攻撃も起こっていた。

クックCEOは早速手を打った。謝罪を行ったのだ。

「十分なコミュニケーションが取れておらず、そのせいでアップルは傲慢だ、消費者がどのように感じているか気にしていないという印象を与えてしまいました。懸念や誤解を消費者の皆さんに与えてしまったことを心からお詫び申し上げます。我々は中国をとても尊敬していますし、中国の消費者は我々にとって最優先のお客様です」と低姿勢に徹した。

ユーザー対応で問題を起こせば謝る。ユーザーを大切にするなら当たり前のことではある。

とりわけ、アップルにとって中国市場の売上は2018年度で519億ドル（約5兆

7000億円）でアップル全体の売上の約20％に達するお得意さんだ。これを失うわけにはいかない。謝罪してことを収めるのは普通の経営者にとっては当然の行為だった。

イノベーションと経営安定性は両立しない

iPhoneユーザーには2種類ある。一つは昔からのアップルファンで、Mac製品なども愛用している人たちだ。もう一つは、アップルファンではないがiPhoneは使いたいというユーザーだ。そして、二つの比率は前者が1で、後者が9ぐらいだろう。ところがこの1割のアップルファンは発言力が大きく、口うるさい。「アップルはこうあるべきだ」とか、「ジョブズならこうするだろう」と正論を展開し、時に評論家以上の論陣を張る。

中国ユーザーにしたクックの謝罪に対して「ビッグブラザーみたいな監視国家の中国に屈したのか」と失望がネットに飛び交った。さらに、「ジョブズだったら言論弾圧の中国に謝罪なんかしないぞ」「習近平が赤い舌を出してほくそ笑んでいる」、そんな呟きがネット上で躍った。

だが、独裁国家でも世界第2位の経済大国を相手にケンカを売るのは、カリスマ創業者にして反骨心の塊のスティーブ・ジョブズにしかできないことだろう。

ジョブズはアップルの経営安定よりも、自分の美学にこだわった。ジョブズの美学とは、世界を驚かせる製品を生み出すこと。その製品は、普通の人が簡単に使え、デザインが美しいこと。その製品は個人を自由にし、能力を高めるものであること。そして、権威や権力なんかクソ食らえだった。

しかし、こうした美学の下でイノベーションを求めるジョブズの姿勢はアップルの経営を危うくしたし、アップルを追い出されてネクスト社とピクサー社の経営をしていたときでも同様だった。

イノベーションを求めることは、一か八かの勝負に賭けることに他ならず、イノベーションにはリスクがつきものだ。リスクのないイノベーションなどあり得ない。ある専門家は、ジョブズの優れた点は、最大のリスクを何度も取り続けた点にあると述べていたほどだ。

しかし、それでは会社経営は安定しない。経営を安定させようとすれば、リスクを最小限にすることが欠かせない。他社の製品や技術を真似て改良すれば、リスクを最小限にして、多くのリターンを得られる可能性が高まる。

残念ながら、イノベーションと経営安定性とは両立しないものなのだ。

権力を毛嫌いするジョブズが、もし今も健在でアップルのＣＥＯをしていたら……ひょっとすると中国政府が相手でもケンカを売っただろう。それによって中国市場をアップルが失っても、ジョブズは自らの価値観の方を優先させる。それがジョブズだ。

ところが、ティム・クックは対立より調和を選ぶ。だから、中国市場で6兆円近い売上を稼ぐまでにアップルを成長させることができた。謝るべきときには、つべこべ言い訳しないでさっさと謝る。これもクック流だ。

iPhone4のアンテナゲート問題

２０１０年の開発者向け一大イベントＷＷＤＣのステージ上でＣＥＯジョブズは「間違いなく最も精巧で、我々が作ってきたなかでも一番美しい製品のひとつだ」と熱弁を振るい、観衆を魅了していた。もちろん新製品ｉＰｈｏｎｅ４についてだった。「前面も背面もガラス。側面はステンレススチール。まるで昔の優雅なライカのようだ。現代のコンシューマー製品にこんなものはない。ただゴージャス」と最大級の言葉でジョブズはｉＰｈｏｎｅ４を世に送り出した。

ところが、発売から間もなく暗雲が垂れ込めた。ユーザーからiPhone4の左側面下にあるアンテナの継ぎ目付近を手で覆うと、電波状況が悪くなり送受信がうまくいかないというクレームが市場から出てきたのだ。

アップルは当初、この問題を「携帯電話は持ち方によって電波の受信状態が変化するものです」と否定することにした。そして、iPhone4の下を手で覆わないように持つか、別売りのバンパーケースを買って使うことをユーザーに促した。

iPhone4のアンテナ問題はアンテナゲートと呼ばれた。そして、ジョブズの願いもむなしく、動画サイトなどにもiPhone4のアンテナゲート問題が多数掲載され、挙げ句にコンシューマーレポート誌が、「iPhone4の購入は勧められない」と公表するに至ってしまう。

結局、ジョブズは記者説明会を開催して直接説明する場を設けた。その場で、アンテナゲートの影響を受けているのは一部のユーザーだけだと抗弁し、対策として無償でバンパーケースを配布するとジョブズは言った。だが、製品の欠陥ではないと強気は崩さなかった。「携帯電話は完璧ではない。すべての端末に弱い場所がある」とジョブズは謝罪にもならない謝罪に終始した。

しかし、このジョブズの言い訳に対し、携帯電話メーカーのResearch In Motion（RIM）の経営幹部が噛みついた。「RIMは、アップルがiPhone4

で用いたような設計を避け、特に電波状況が悪い場所で通話が切れるリスクを減らす革新的な設計を採用してきた」と論破した。

ｉＰｈｏｎｅ４のアンテナゲートの原因は、ユーザーの使い方ではなくハードウェア設計にあった。

そして、デザインにこだわるアップルゆえの問題だった。ｉＰｈｏｎｅ４の発表ＷＷＤＣ２０１０でジョブズが観衆を感動させるプレゼンを行ったとき、ｉＰｈｏｎｅ４のステンレス製フレームの周辺をぐるりと囲むようにアンテナが張り巡らされているスライドを紹介していた。このアンテナの配置が問題を起こしていた。

実は、アップルのエンジニアたちは開発段階でこの危険性を指摘していたが、デザインを最優先するジョブズと経営幹部たちが耳を貸さなかった。ＷＷＤＣのプレゼンでジョブズは、「ほんとうに薄い。これが新しいｉＰｈｏｎｅ４だ。ｉＰｈｏｎｅ３ＧＳより24％薄い。事実、世界で最も薄いスマートフォンだ」と力説していた。スマホには数多くの電子部品が詰まっていて、それを限られた製品スペースに収めるのはことのほか高度な技術力がいる。ましてや、ジョブズの命令で世界で最も薄くした製品サイズ内にすべての部品を収納するには名人芸が必要だった。

こうして、デザインを優先して設計したため、アンテナゲート問題は起こった。

しかし、アンテナゲート問題が出てきても、最後までジョブズは謝罪する気はなかったようだ。ジョブズを説得したのはティム・クックだった。取締役のアーサー・レビンソンたちの説得にさえ耳を傾けなかったジョブズも、冷静沈着なクックの説得には耳を傾けた。

目立たない学生だったクック

ティム・クックは稀代のオペレーションの達人だが、彼がアップルに入社したのは太陽が陰り、アップルが真っ暗闇のどん底にいた時期だった。合理性の塊のようなティム・クックは、なぜそんなアップルに入社したのだろうか。

時代を1960年11月9日に遡って話を進めよう。この日、米大統領選に出馬した43歳のジョン・F・ケネディは、激しい大統領選を戦い抜き、歓喜の勝利宣言を行った。

若き大統領の誕生に全米が沸いたこの日から遡ること8日前、南部アラバマ州の海に面したモービルに誕生した男の子がティム・クックだった。造船所で働く父と、薬局勤務の母のもとで3人兄弟の真ん中だった。

その後、一家は車で30分ほどの距離にある白人の多い静かな田舎町ロバーツデールに移り、クックは地元の高校に進んだ。

クックは学校では幾何、代数、三角法が好きで、特に分析には才能を発揮した。「問題解決が得意な子供でした。わかるまで頑張るんです」とかつての恩師は語っていた。几帳面で、真面目で、成績優秀で、とりわけ数字に強かった。高校時代は吹奏楽部でトロンボーンを吹いていたが、特に目立つ生徒というわけではなかった。

クックは地元の高校を出ると、アラバマ州オーバーン大学で生産管理工学を学んだ。いい成績を取ったが、授業中に質問することはほとんどなく、ここでも目立つ生徒ではなかった。クックについて回る言葉に「目立たない」があった。要領よくテストで点数を稼ぎ、カッコよく遊ぶというタイプではなかったようだ。

「働くこと、勤勉に働くことが大切だと信じる」という言葉は卒業したオーバーン大学のモットーであり、クックの信条とも言える。

「直感」でアップルに転職

オーバーン大学を卒業するとティム・クックは1982年にIBMに入社し、結局IBMでは12年間働くことになるが、その間PC事業に携わった。

エクセレントカンパニーとまでいわれたIBMは、アップル社が開拓したパーソナルなコンピュータ市場、つまりパソコン事業に乗り出し、その一方で本流にして金の卵だったメインフレーム事業の神通力が失われてゆく、そんなＩＢＭ激動期をクックは体験することとなる。

こつこつ準備を怠らないクックがＩＢＭの次に選んだ会社はコロラド州のインテリジェント・エレクトロニクスというコンピュータ販売会社で、役員として力量を発揮し、リストラと並行して販売業績をアップさせていった。そうした活躍が当時、ＩＢＭ互換機で躍進中のＰＣ企業コンパックの目に留まって移籍することになった。

１９９７年、コンパックの本社があるテキサス州ヒューストンへクックは移り、ロジスティックス担当副社長としてコンパックを支えていく道を選んだかに見えた。この頃のコンパックは出荷台数を増やし市場シェアは高く、さらに、ハイエンド市場のタンデム社やＤＥＣ社を買収するなどＰＣ業界の急激な変化を乗り切ろうと躍起になっていた。

しかし、ティム・クックはコンパックには長居しなかった。コンパックで働きだして数ヶ月もすると、アップルからオペレーション担当のシニアアドバイスプレジデントを探していると声がかかった。このときからクックの運命は大きく変わっていった。

時は１９９８年、ジョブズはその前年にアップルの暫定ＣＥＯになったが、１９９７年のアップルは約10億ドルの赤字を垂れ流していた。98年になるとなんとか赤字からは脱出したが、売上高は前年比約16％ダウンの59億ドルと低迷し、アップルは前途洋々とは程遠い状態だった。

ところが、アップルのＣＥＯジョブズとの面接を受けたクックは、わずか5分で転職を決めた。合理的に物事を考えるクックにしては珍しく、「直感だった」という。ジョブズはそれだけ魅力的だったということなのか。

なるほど、ジョブズの魅力に逆らえる人間がいないことは確かだった。ウォズニアックもジョン・スカリーも、みんなジョブズの魔法にかかってアップル社に参じたのが証左だ。ジョブズはこれはと見込んだ人物を射止める名人でもあった。

アップルは、安直なファブレス企業ではない

アップルはｉＰｈｏｎｅを自分たちの手で製造してはいない。台湾のＥＭＳ企業の鴻海に生産委託をしていることはよく知られている。ちなみに、ＥＭＳとはＰＣやスマホなど電子機器の受託生産を請け負う事業のことだ。

そして、鴻海に生産委託しているアップルは工場を持たない〝ファブレス企業だ〟とよくいわれるが、アップルは設計したら製造を丸投げして終わりといった安直なファブレス企業ではない。極めて高度にインテグレートされた次世代ファブレス企業である。

かつてジョブズは「アップルは中国の工場で70万人の作業員を雇っており、それだけの人数をサポートするには3万人のエンジニアを現地に派遣しなければならない」とオバマ大統領との会席の場で訴えたことがあった。3万人というのは、米国の教育を改善し、もっと実践で役立つ多くのエンジニアが必要だと主張したいジョブズ流の例えだった。ティム・クック率いる現在のアップルは多くのエンジニアを現地に送り込んで、サプライヤー工場の技術や品質の指導を徹底的に行っている。それは量産段階だけでなく、試作品段階から行っていた。

ただ安易に外部に丸投げするのではなく、技術者を製造工程に張り付かせて指導する。それも立ち上げ時だけではなく、量産に移行してからも抜き打ち的に生産ラインの検査まで行うことが珍しくない。

さらに、アップルは人的投資だけでなく、資金投入も積極的に行っている。重要な設備や生産機械、検査機などにアップルは資金提供している。

立教大学の秋野晶二教授の論文「アップル社の成長過程と生産体制の現状に関する研究」によると、たとえば、iPhone5Cのカラフルなケース用プラスチックの研磨設備、iPhoneやiPadのカメラレンズ用ギアの検査機、ジャイロスコープの検査装置はアップルが製作してサプライヤーの組み立てラインに導入した。MacBookはアルミ筐体《きょうたい》を使用しているが、その切削用のレーザー加工機もアップルが資金提供している。

さらにアップルは、フラッシュメモリーやディスプレイなどキーデバイスには代金を前払いして、製品の急激な立ち上げを下支えしていた。

2006年にiPodなどでHDDからフラッシュメモリーへの移行が決まったとき、アップルはフラッシュメモリーの購入を見込んで長期契約を結び、10億ドル規模の代金前払いを東芝やサムスンなど5社に行った。2009年度には、韓国LGディスプレイの液晶パネルに5億ドル、東芝のNAND型フラッシュメモリーにも5億ドルを長期供給契約の一環として支払っていた。ニッセイ基礎研究所の百嶋徹主任研究員の論文「アップルのものづくり経営に学ぶ」によると、キーデバイスに対する前払い金の推移は2011年度末に23億ドル、2012年度末には42億ドルと急増している。

キーデバイスへの前払いは大量調達によるコストの抑え込みに加え、一気に生産数を増やすときに品不足にならないよう部品の安定供給を実現することが大きな目的だ。これらをクックが見事にマネジメントしている。

このように分析していくと、アップルの姿が違って見えてくるだろう。白鳥はその優雅な姿とは裏腹に、水面下で足を一生懸命に動かしている。水面下の足こそクックとオペレーションチームであり、それによってアップルは高度にインテグレートされた次世代型ファブレス企業に変身し、史上初の時価総額1兆ドル企業が誕生したのだ。

第2章
iPhoneという金鉱脈

iPhoneはなぜ成功したのか?

2018年度のアップルの売上の7割近くをiPhoneは占め、アップルは既にコンピュータ企業ではなくスマホ企業になっている。これまでのiPhoneの累積販売台数変化をまとめると次のように躍進ぶりがわかる。

2011年に累計1億台を突破
2012年に2億台を突破
2014年に5億台を突破
2016年に10億台を突破

統計サイト Statista によると、発売10周年を迎えた2017年時点での累計販売台数は12億台に達し、その間でのiPhoneの総売上が7380億ドル(約83兆円)で、アップルが得た利益は約1000億ドル(約11兆円)と推定している。

さらに、2018年度までの累計販売台数では約15億台と、iPhoneは21世紀最大のヒット商品だ。だが、どうしてiPhoneは成功したのだろう。

その理由は三つある。

まず一つ目は、「ジョブズの取扱説明書」をジョブズの側近たちが持っていたこと。

二つ目は、テクノロジーがジョブズの発想に追いついたこと。

三つ目は、iPhoneをアップルで製造しなかったこと。


詳しく見ていこう。まず一つ目のジョブズの取扱説明書についてだ。ジョブズは気難しい経営者だ。感情の起伏が激しく、言うことがコロコロ変わる。デザインにこだわる姿勢は他のCEOには見られず、その美意識と着眼点は予想を超える。

そのため、たとえば新製品のアイデアを部下が提案し、それがどんなに優れていても、ジョブズが直感でノーと言ってしまえば、それで終わりだ。フィル・シラーら側近たちは長年の付き合いで、ジョブズは最初の提案を否定するという行動パターンを学習していた。

つまり、ジョブズの取扱説明書を手にしていた。

そこで、部下たちにとっての本命のアイデアは、ジョブズに提案するときは一番最初ではなく3番目に出すようにした。ジョブズの取扱説明書を活用して成功した典型的な事例がiPodだった。

ジョブズを含めた取締役たちが座る会議室で歴史の一幕が始まった。会議室のテーブルの上には1・8インチのハードディスクやマザーボードのサンプル、小型の液晶といった現時点で候補に入れているキーデバイスなどがあれこれ並べてあった。

iPod開発の中心人物トニー・ファデルは、まず最初に、ハードディスクとフラッシュメモリーカードを挿入できる大型スロットがあるものの、デザインがいかにもカッコ悪い試作モデルを見せた。ジョブズはひと目見て「複雑すぎる」と一蹴。これは側近たちの予定通りだった。

次にファデルが見せたのは、DRAMにファイルを記憶する構造になっていて、ある程度の数の楽曲を保存できるが、バッテリーが切れるとファイルも消去されてしまうモデルだ。それでも値段は安くできそうだった。

ジョブズは「これじゃ売れないな」とやはり却下。

そして最後にトニー・ファデルは、会議室のテーブルの上に並べてあった部品をいくつか手に取って、レゴのおもちゃのように組み立て、後のiPodの原型となる部品の塊に仕立てて、ジョブズに手渡した。

口うるさいジョブズが黙っていた。それはノーではないということを意味した。

それを見たファデルは、テーブルの横に置いてあった木鉢に歩み寄って、底に手を伸ばすと、発泡スチロール板を加工して作り上げたモックアップを取り出してジョブズに見せた。これが本命だった。

ジョブズの表情は、これは面白いと語っていた。ファデルは木鉢の底に前もってモックアップを隠しておいたのだった。

さらに駄目押しをしたのは側近のフィル・シラーだった。「そろそろ僕のを出しても構わないかな」と言って、試作品を会議室に持ち込んだ。試作品の中央にはリング状のスクロールホイールが取り付けられていた。ボタンを1回押して1曲を選ぶという操作方法は1000曲を収納する製品にはふさわしくない。押すのではなく、回すことで選曲する。こうしてiPodの根幹が決定し、ジョブズはゴーを出した。

ステージでの驚異のプレゼンで観客を驚かせるジョブズは、会議室でも劇場型演出が好みだ。淡々と説明していてはジョブズの感性の扉を開かせることはできないことも側近たちはわかっていた。

トニー・ファデルは元々はアップル社員ではなく、期間限定の契約社員だった。大学を出たファデルはジェネラル・マジックという携帯情報端末を開発する会社に勤めた。ジェネラル・マジックは、アップルのマッキントッシュ開発チームで伝説的なエンジニアのアンディ・ハーツフェルドとビル・アトキンソンたちが創業し、当時、AT&T、モトローラ、フィリップスや日本からはソニーや松下電器といった世界の名だたる大企業から出資を集め、全米注目の期待の星だった。

アイデアも技術も飛び切りスゴかったが、残念ながら事業は軌道に乗らず失敗した。シリコンバレーには失敗の墓標がいくつも立っている。

ファデルは次にフィリップス社に入社すると、ウィンドウズベースのPDA（パーソナル・デジタル・アシスタント）を完成させ、約50万台売り上げた。だが、組織が出来上がった大企業には馴染めず、その後、彼自身が会社を立ち上げ、挑戦的な製品開発をやりたいと10人程度の従業員を雇った頃に、アップルのジョン・ルビンシュタインからアップルへ来ないかという誘いが飛び込んできた。それはファデルがコロラド州でスキー休暇を楽しんでいたときだった。

アップルでいったい何をするかは秘密だった。ジョブズ政権下では、ソ連の諜報機関のKGB以上に秘密保持が厳しく徹定されていたからだ。

アップルと8週間の契約をしたとき、それがiPodへの序章となった。ファデルは2001年、iPod開発の責任者としてアップルに入社した。

だから、ジョブズとほとんど接したことのなかったファデルは、ジョブズの取扱説明書は持っていなかった。それを教えたのは側近のジョン・ルビンシュタインやフィル・シラーたちだった。ジョン・ルビンシュタインはネクスト社でジョブズのもとで働いていて、アップルではこのときハードウェア部門の副社長だった。ちなみにルビンシュタインは2006年にアップルを辞めると、情報携帯端末メーカーのパーム社でCEOや会長を歴任する。

もう一人の側近フィル・シラーは1987年にアップルに入社し約6年間働き、1997年にアップルに再入社した人物で、現在はマーケティング部門の副社長を務めている。

ジョブズは気まぐれな上司だ。だが、どんな上司でも、思考や言動にはなにかしらパターンがある。それを見つけ出せれば、厄介な上司の下でも、仕事はやりやすくなる。iPhone開発でもフィル・シラーら側近たちはジョブズの取扱説明書を巧みに活用していた。

時代がジョブズに追いついた

さて、iPhoneが成功した2番目の理由、テクノロジーがジョブズの発想に追いついたことについて説明しよう。

実はiPhoneと似た製品はすでに約20年も前にアップルは作っていたのだ。それが「ニュートン」だ。携帯型情報端末の先駆けだったニュートンは、CPUにARM製を使い、液晶画面を持ち、スタイラスペンで文字入力ができた。「パーソナルコンピュータを再定義するもの」といっていいほどの画期的な製品だった。ニュートンとともに誕生したのがパーソナル・デジタル・アシスタント――PDAという言葉で、それを生み出したのが当時アップルでCEOを務めていたジョン・スカリーだった。

ジョブズより16歳年上のスカリーは、始めはジョブズの師匠であり、最後は敵となった人物だ。

1983年にジョブズが猛烈なアプローチでアップルのCEOとしてペプシから引き抜いたスカリーはマーケティングの名人だった。ペプシ・チャレンジでコカ・コーラの優位性をひっくり返し、ペプシ躍進の立役者で、ペプシで最年少の社長となった経営のプロだ。スカリーはアップルのCEOとして、そしてジョブズのお目付け役兼師匠として社内からも世間からも期待され、登場した。

ジョン・スカリーとスティーブ・ジョブズは〝ダイナミック・デュオ〟とマスコミが褒めたたえ、スタートダッシュは見事だったが、二人の蜜月関係は長くは続かなかった。

社内で混乱を引き起こす創業者ジョブズに対し、「どうしてCEOのスカリーはちゃんとジョブズをコントロールしないのか」と社内で批判が沸騰し、不協和音が広がった。

そして、スカリーとジョブズによる権力闘争の結果、アップル取締役会が選んだのはジョブズではなくスカリーだった。

アップルを追い出されたジョブズは、スカリーを憎んだ。ジョブズの怒りはアップルを辞めたとき、持っていったアップル株650万株を1株だけ残して叩き売ったことに表れていた。その額は1億ドルを超え、当時の日本円で200億円を上回る金額だった。怒りの熱量がうかがえた。余談だが、もしこのときの株式をそっくり保有していたら今頃は数兆円規模の資産となっていて、それは、世界大金持ちランクのトップ5に名を連ねるレベルだ。

ところで、ジョブズは絶対に認めないが、スカリーが有能な経営者だったことは確かだ。スカリーがアップルのCEOに就任した1983年に6億ドルだったアップルの純売上は、10年後に80億ドルまで伸び、Macの設置台数は1200万台を超えた。

そのスカリーが指揮して生まれたニュートンのアイデアは斬新かつ画期的だったが、出来上がった製品はイマイチだった。製品サイズは大きく（119×210×28ミリ）、iPhoneSEの約3倍の面積があった。さらに、手書き入力の識別が遅いだけでなく不正確で、その上、価格が高かった。結局、ニュートンは雄々しく羽ばたく前に、アップルに奇跡の復活をしたジョブズによって撃ち落とされた。残念ながら、ニュートンは時代を先取りし過ぎていた。

しかし、ニュートンの事業中止から20年後、テクノロジーは加速度的に進化を遂げていた。

半導体メモリーの性能はこの20年間で数百倍以上になり、通信速度は1万倍以上進化した。バッテリーは小型化と長寿命が著しく進み、タッチパネルの性能とコストは20年前とは比較するのがバカバカしいほど向上していた。2007年、テクノロジーがジョブズの発想に追いついたから、iPhoneは彼の望んだ姿で完成することができた。

つまり、もし5年早くジョブズがiPhoneの開発に着手していたら、まだテクノロジーはジョブズの要望未満で、彼の望んだiPhoneは生まれていなかっただろう。テクノロジーがジョブズの発想に追いついたということは、言い換えれば運が良かったのだ。

アップルで製造しないでよかったiPhone

iPhoneが成功した三つ目の理由は、アップルで製造しなかったことだ。

アップルは製品のアイデアはすごいし、開発能力は抜群だ。

しかし、製造することはまったく下手だ。Macの生産工場でも日本メーカーでは考えられないような品質問題の対応をやっていた。例えば、PCの記憶装置HDDは故障がよく起きるデバイスだった。私がアップル在籍中にMacに搭載していたHDDは、IBM、シーゲート、クアンタムの3社から購入していた。

運悪く市場でHDDに品質問題が起きたとき、アップルの工場ではHDDの品質解析をするのではなく、ベンダーを替えるだけで対処していた。もし、IBMのHDDで市場不良が出たらすぐにシーゲート製に替えて生産する。半年ほどしてシーゲート製ＨＤＤで問題が出たら、今度はクアンタム製に替えて生産する。単純で次元があまりに低い対応をアップルがしているという現実に、松下電器から転職した私は愕然とした。それでは根本的な解決はいつまでたってもできない。１年半も過ぎると、元のＩＢＭ製のＨＤＤに戻っていたということも珍しくなかった。

松下電器で新製品開発に携わった技術者の目から見ると、アップルの製造工程は宝の山だった。つまり問題が山積していたということだ。世界を驚かせる開発能力があるくせに、製造能力は日本企業の水準からすると情けないほど低すぎるのがアップルの現実だった。

さらに、ｉＰｈｏｎｅはＭａｃ以上に厄介な製品だ。生産数量の変動の山谷が極めて大きく、短期間で一気に立ち上げたかと思うと、３ヶ月すると生産数量を４割もダウンさせる。クリスマス商戦になるとまた急激に立ち上げる必要に迫られる。しかも製品サイズはＰＣより格段に小さく、製造工程での取り扱いも格段の慎重さや器用さが必要だ。

無理が利くサプライヤー鴻海の強みを１００％活用したからこそ、ｉＰｈｏｎｅは年間２億台ものヒット製品として世界のユーザーに届けることができるのだ。

もしｉＰｈｏｎｅを、無理が利かないアップルの米国工場で生産していたら、今のようなメガヒットにまで成長しなかっただろう。そのことを一番わかっているのはティム・クックだ。

1年ごとに新機種展開できる強み

アップルはほぼ毎年、iPhoneの新機種を登場させている（図3）。例えば2007年から2014年までの8年間で、初代iPhoneからiPhone6Plusまで10種類のiPhoneを世に送り出し、その度に販売を急速に伸ばしてきた。

パソコンだけを作っていたときのアップルはこうはいかなかった。パソコンの買い替えサイクルは、スマホより長いことに一因があった。ある市場調査会社によると、パソコンの買い替えサイクルは約4年から7年であるのに対し、スマホは約2年から3年と短い。

新規需要に加えて、買い替えサイクルが短ければ、総需要はより大きなものとなってくれる。

毎年のように新製品を出しても飛ぶように売れるスマホという商品は、アップルにとってて経営を安定させやすくする、ありがたい商品だったと言える。

しかも、AT&Tなどの通信事業者のサービスと抱き合わせて、例えば2年間の分割で月々手頃な支払いでスマホを購入できる仕組みが提供されている。それにより、購入者の収入にそれほど影響を受けずに、幅広く商品が販売できる。

その流れに便乗して、PC製品も同様の通信契約込みで低価格でのサービス展開を図っ

図3 iPhoneの販売台数推移

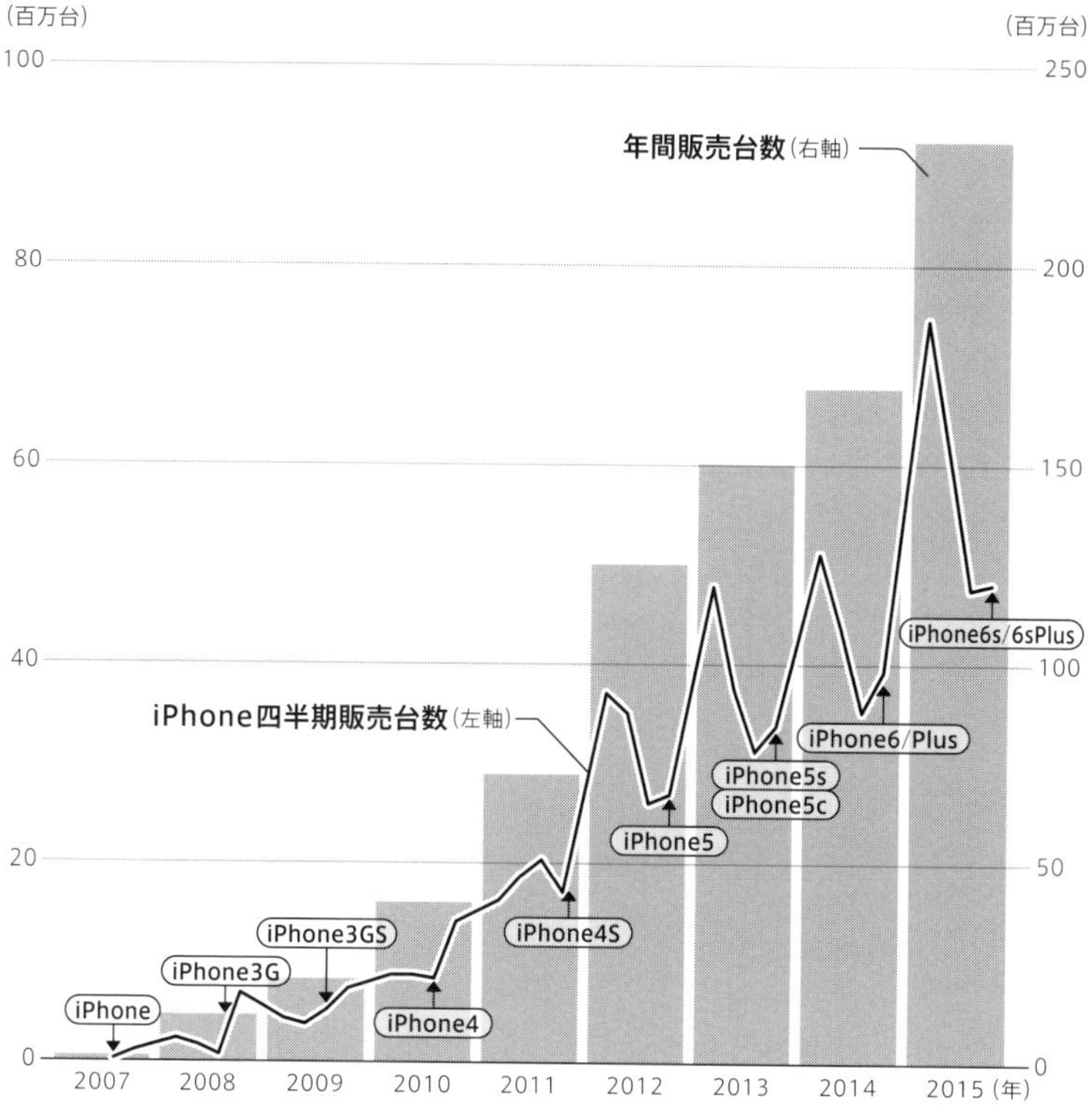

アップルの会計年度(9月末)ベース

出所:「アップル社の成長過程と生産体制の現状に関する研究」秋野晶二／『立教ビジネスレビュー』(第8号、2015年)を基に著者が作成。

たが、それでもPC購入者の全員が通信契約を望むわけではなく、スマホの場合と本質的に異なっていた。

いずれにしても、スマホでの通信契約込みの手ごろな価格設定は、パソコン時代よりもより多くのユーザーがより安定的に獲得できる経済的な構造をアップルに提供していた。もちろん、こうした構造的要因が功を奏するには、その前提としてiPhoneが技術的に常に世界をリードし続けていることは言うに及ばずだ。

振り返ると、パソコン業界にはHP（ヒューレットパッカード）、デル、IBMなど数多くのPCメーカーがいたが、PCメーカーからスマホメーカーに転身し、成功したのはアップルだけだ。デルもHPもスマホ事業は迷走し、低迷し続けているし、IBMのPC事業を買収した中国企業レノボもスマホビジネスは散々だ。

アップル・プレミアとは何か

iPhoneが消費者に人気なのは、製品のデザインのカッコよさと性能の高さ、斬新さという魅力に加え、〝アップル・プレミア〟があったことも見逃してはいけない。

アップル・プレミアとは、「見せびらかし心理」ともいわれ、グッチやフェンディなどの有名ファッションブランドを身に着けて、周りに見せびらかしたい心理が、購入の大きな要因となっていることと同じものだ。

ｉＰｈｏｎｅを手にしたユーザーは、「私の（スマホ）はｉＰｈｏｎｅだ」と心の中で誇らしく思っている。つまり、どのメーカーが作ったか忘れるようなアンドロイド端末じゃないよという自身だけによる満足感だ。

だが、この満足感こそ企業ブランドとして重要だ。

ジョブズはアップル創業時からブランドを意識してブランド力を高める努力をしてきた。そして、シリコンバレーのガレージでスタートしたアップルのブランド価値は、やがてディズニーやコカ・コーラなどに肩を並べる世界屈指のものになった。

赤字に陥ったアップルを救おうとした１９９７年のキャンペーン「Think different」は、アップルブランドがどういうものかを如実に表している。アインシュタイン、キング牧師、ジョン・レノンやモハメド・アリなどが登場する異色のＣＭは「クレイジーと呼ばれる人たちがいる」で始まる。ＣＭの中には、アップルの社名も製品名も出てこないのだが、強烈なインパクトを世に与え、ＣＭは数々の賞も得た。

「Think differentのＣＭではこう語りかけている。「反逆者、厄介者と呼ばれる人たち。（中略）彼らはクレイジーといわれるが、私たちは天才だと思う。自分が世界を変えられると本気で信じる人たちこそが、本当に世界を変えているのだから」

アップルとはどんな会社で、何を目指そうとしているのかを訴えている異色のCMは、クールでカッコよく、アップルのイメージを世間に再認識させた。

iPhoneの性能がいいだけでは、あれだけ高い価格にあれだけ多くの消費者がお金を払わないだろう。先進的な性能に加えて、ジョブズが築いたアップルのブランド力が合体することでメガヒットとなったのだ。

ただ、アップル・プレミアが威力を発揮しない場合もある。例えば、インドだ。インドでのアップルのシェアはたった1%。中国のシャオミやオッポなどに席巻されている。敗因は価格である。インドの平均年収ではiPhoneは高すぎて買えない。解決策は、アップルが廉価版iPhoneを出すか、インドの平均年収が上がるのを待つかだ。いずれにしても、これはティム・クックに突きつけられた課題だ。

アップルは半導体企業になっていた

アップルはiPhoneやiPadを生み出したIT企業だ。そんなことは誰でも知っている。だからと言って、「アップルは半導体メーカーだ」と思っている人などどこにもいないだろう。

しかし、この認識はもはや間違っている。アップルは今や半導体メーカーだ。iPhoneX《テン》で使われているCPUの設計はアップルが行っていた。

PC時代は、OSはウィンドウズで、CPUはインテルで、これをWintelと呼んでいた。インテル製のCPUをほとんどすべてのPCメーカーが使っていて、その結果、PCメーカーの懸命な努力にもかかわらず、どのパソコンを使おうと製品性能上の大きな差はなかった。PCメーカーのハードに合わせるように、インテルがCPUをわざわざ設計変更することは決してなく、インテルのCPUはあくまで汎用品だった。

だが、スマホ時代になり、アップルはその考えを変えようとしていた。

アップルは自社でOSを開発し、ハードウェアを設計し、基本的なアプリをプリインストールして、ハードからソフトまで垂直統合で製品完成度を高めてきた。

それゆえ、iPhoneのハードとOSの力を最大限引き出すCPU設計はどうあるべきかと考えた結果、自分たちでCPUを設計することを選んだのは当然なのかもしれない。

話は2008年に遡る。「P.A. Semi」という米国の半導体設計企業をアップルは約3億ドルで買収した。だが、このニュースに注目した人はさほど多くなかった。P.A. SemiはDEC社（デジタル・イクイップメント社）の超低消費電力プロセッサーのstrongARMの設計を行った企業で、従業員150人ほどのファブレスのプロセッサーメーカーだった。

パソコンと比べスマホは低消費電力が格段に求められる。その分野でP.A.Semiはきわめて優れた設計能力と経験を有していた。

さらに2010年になると今度はIntrinsity社をアップルは約1億2000万ドルで買収した。Intrinsity社はプロセッサーの高速化、低電力化に優れた設計技術を持つ米国の半導体設計企業で、ARMアーキテクチャーで1GHzの動作周波数の高速モバイルプロセッサーをサムスンと共同開発していた。

ちなみに、Intrinsity社を買収した年に開かれたアップルの株主総会の場でのジョブズは、アップルが約417億ドルのキャッシュがあるにもかかわらず、そのキャッシュを株主への配当金支払いに充てる計画はないといつものようにつれない態度だった。このとき、どこかの会社をその潤沢なキャッシュで買収するという意向をジョブズは表さなかったものの、「どんな機会が待ち受けているかは誰にもわからないよ」と未来への暗示だけはほのめかしていた。

「我々はとても幸運なことに、どこかの企業を買収する必要が生じたとき、必要な金額の小切手を切ることができる。それも、お金を借りないで」とジョブズが言っていた通り、世間に噂が流れる前にさっさとIntrinsity社買収をアップルは実行してしまった。買収資金が不足していたら、こんな素早い実行は無理だったろう。

OSに最適のプロセッサーを作れ

話をARM社に戻そう。ARM社とは、ARMホールディングスの事業部門であるARM Ltd.のことを意味するが、とりあえずARM社と簡略化して言わせてもらう。ARM社は英国の半導体企業で、工場を持たないファブレス型だ。製造設備を持っているインテルとはそこが違う。

ARM社はモバイル機器など向けの省電力のプロセッサーの設計で成長し、ARMアーキテクチャーでのプロセッサーの設計や仕様という知的財産権をライセンス販売する事業形態で儲けている。なお、アーキテクチャーとはプロセッサーの基本設計や仕様を意味する。

ARM社からライセンスを買った企業は、半導体の製造設備を持つメーカー、たとえばサムスンや台湾TSMCなどに製造を委託してCPUを完成させる。場合によっては、ライセンスを受けたスマホやモバイル機器メーカー側で、自社向けにマイナーな設計変更を加えてから製造にまわす場合もある。ところで、ARMのCPUが採用された最初の製品はアップルのニュートン（47ページで説明）だった。

さて、iPhoneで使うCPUは、ARM社からライセンスを受けて得た設計仕様に基づいて、それをTSMCなどで製造してきた。初代iPhoneなどはそうだった。

そして、iPhone4のCPU「A4」やiPhone4SのCPU「A5」までは、ARM仕様をベースにマイナーな設計変更をアップルが加えていたと思われる。

だが、iPhone5で使ったCPUの「A6」からはアップル独自でCPU設計を行っていた。「アップルのプロセッサーに必要なものは、アップル自身がよく知っている」とクックはかつて言っていた。

モバイル端末を分析すると、電力を非常に多く食うのはCPUであり、アップルがCPUの自社設計に踏み切った理由のひとつには、ARMが進める省電力設計だけでは将来的に不十分になると感じたことがあった。

半導体にも革新の光を

単一のCPUコアで、大きな負荷のタスクから小さな負荷のタスクまでを扱うには、回路設計からプロセス技術に至るまで複雑な設計対応が必要となってしまう。

そこで、アップルはｉＰｈｏｎｅ７／７ＰｌｕｓのＣＰＵ「Ａ10」のアーキテクチャーでは、大型高性能ＣＰＵコアと小型電力効率ＣＰＵコアを組み合わせた複合構成を登場させた。

ＣＰＵコアを大型コアと小型コアの２タイプに分けることで、それぞれの役割に特化してＣＰＵ設計を行えばいいことになる。大型高性能コアは低電圧時の駆動を気にせずに、パフォーマンスを最大化できる設計を目指す。

一方の小型電力効率コアは、パフォーマンスよりも電力効率を最適化する設計に注力すればいい。

一般的にプロセッサー性能を上げていくと、電力は多く消費されてしまう。つまり、アップルがｉＰｈｏｎｅのプロセッサー性能を追求すればするほど、省電力とのトレード・オフ問題にぶつかる。

その問題を解決するために、単一ＣＰＵコアでなく、大型コアと小型コアの複合構成は、合理的な選択といえる。

さらに、半導体のパッケージ技術でもアップルは斬新な挑戦をしていた。それは「ＦＯ－ＷＬＰ」（Fan-Out Wafer Level Packaging）と呼ばれるもので、縦方向の厚みを薄くし、消費電力も削減でき、業界に衝撃を与える最新のパッケージング技術だ。「Ａ10」はこのパッケージング技術を使っている。

アップルは今や年間で約2億個レベルの大きな数量の半導体チップを扱う企業であり、インテルやNVIDIAなどと肩を並べる設計能力を構築していると言っていいだろう。

プライバシーは〝エッジ〟で守る

グーグルはクラウドの向こうにある巨大なデータセンターに莫大な個人情報を集めている。そして、人工知能処理もクラウド側で行う考えだ。ただしこのとき、個人情報保護が問題となる。グーグルがどう言い訳しようと、グーグルの売上の大半は個人情報を広告主に売ることで得る〝広告収入〟であることは事実だ。グーグルの2018年度の売上は約1362億ドル（約15兆円）で、そのうち広告収入は約1163億ドル（約13兆円）で約85％を占める。

ところが、欧米では現在プライバシー問題が大きな議論を呼んでいる。個人情報をクラウドの向こうの巨大なデータサーバーに蓄積していくグーグルやフェイスブックのやり方では、個人のプライバシーが守られないという指摘と批判が噴出している。そして、ティム・クックとフェイスブックのCEOザッカーバーグは批判合戦に陥りつつある。

アップルは、フェイスブックのようにクラウドに個人情報を大量収集するのではなく、スマホ端末側で、つまり〝エッジ〟で処理する方向性に進んでいて対照的だ。端末で処理するアップルの方法であれば、個人情報もきちんと保護できる。

なお、グーグルのようにクラウド側でコンピューティング処理すると、端末とのデータの送受信に時間がかかるという根本的な課題もはらんでいる。たとえば、自動運転などの場合は、0・01秒の時差でも致命傷になりかねない。

その一方で、エッジで多くの処理をするためには端末の処理能力を大きく向上させることが必須となる。iPhoneのCPUにおいて、低消費電力を保ちながら性能を大幅に向上させていく動きが2018年10月に登場したiPhone XR、XS、XS Maxから見えてきた。

使用しているCPU「A12 Bionic」では69億個のトランジスタが構成され、機械学習の処理性能をより一層向上させるための「ニューラル・エンジン」は、その前のCPU「A11」での2コアから8コアに強化された。約6000億OPS（1秒当たりの処理回数）だった処理能力は、「A12」で約5兆OPSまで躍進した。

高性能コアは、性能を15％上げつつ40％の省電力を実現し、高効率コアの方は性能はそのままで消費電力を「A11」に比べ50％削減した。こうしてバッテリーの持ちを良くして、機械学習に適しているとクックCEOが自信を持つプロセッサーが完成した。そして、機械学習の性能は「A11」の9倍になった。ただし、一般ユーザーがこの性能をどう評価するかは未知数だ。

Appストアの気づかない威力

ｉＰｈｏｎｅを語るとき、アプリ配信ストアＡｐｐストアの存在を忘れてはいけない。アップルのアプリ配信ストアＡｐｐストアは２００８年７月にサービスを開始した（２０１９年2月時点、ｉＰｈｏｎｅとｉＰａｄそしてｉＰｏｄタッチが対象）。

サービス開始のほぼ1年前の２００７年、ｉＰｈｏｎｅはタッチパネルのインターフェイスとフルスクリーンのデザインで鮮烈に登場していた。なお、現在のスマホのデザインはこのとき決定したと言っていいだろう。

だが、このときのｉＰｈｏｎｅはサードパーティ製のアプリをインストールすることはできなかった。そうなるとマニアたちは黙っていなかった。ｉＰｈｏｎｅの「ｉＯＳ」のセキュリティの脆弱《ぜいじゃく》性を抜け穴にして、自分が使いたいがアップルが認可していないアプリをインストールする「Ｊａｉｌｂｒｅａｋ（ジェイル・ブレイク――脱獄という意味）」と呼ばれる行為に熱を上げる事態となった。

そもそも、アップルはハードもＯＳも自社で開発し、クローズドの世界を築くことで製品完成度を高めてきた。マッキントッシュはその代表例だ。とりわけジョブズという経営者はすべてをコントロールしたいという欲求が強く、ユーザーが勝手にアップル製品を分解したり、拡張したりすることを蛇蝎《だかつ》のごとく嫌った。

しかし、iPhone登場とともにこの姿勢が大きく変わった。

Appストアが登場したことでユーザーは自分が必要なアプリを簡単にインストールし、使うことができるようになった。つまり、Appストアは鎖国していたiPhoneに広い世界を与えてくれた。これがiPhoneの販売を押し上げる一因ともなった。グーグルはそれをパクったかのように3ヶ月後に同様のサービスを開始した。

2009年1月時点でAppストアからのダウンロード数は約5億本で、アプリ数は約1万5000本だったのが、2011年夏、つまりジョブズがCEOを辞任する頃にはダウンロード数は150億本を突破。2010年7月までにAppストアからのダウンロードのトータル数が1700億回を突破し、営業利益は1300億ドルを上回ったと報告した調査会社もあった。

ところで、グーグルのアンドロイドOSは2年以上経った古い端末はサポートしないのに対し、iPhoneのOSであるiOSは古いiPhoneもサポートしている。この点もAppストアの躍進の手助けとなっている。加えて、アップルはiPhoneの製品寿命がより長くなるよう設計努力を加速させている。

Appストアによって、2017年にアプリ開発者たちが得た売上高は265億ドル（約3兆円）となり、前年比30％の伸びを示した。Appストアの取扱高は約380億ドルに上り、アップルの収益は約110億ドル（約1兆2000億円）と見込まれる。

さらに、2018年のソフトウェア開発者の一大イベントWWDC2018のステージでティム・クックは「Appストアには毎週5億人のユーザーが訪れ、アプリ開発者たちがAppストアで得た収入は累計1000億ドル（約11兆円）を超えた」と発表し、成長ぶりを誇示した。

アップルの業績報告を見るとAppストアの売上は「サービス事業」という区分に包括されているので、Appストア単独の売上はわからない。サービス事業にはアップルケア、アップルペイなどのデジタルサービスも含まれているが、2018年での売上は約372億ドル（約4兆円）もの金額となり、前年比24％増と高成長を続けていて、クックCEOにとってAppストアが孝行息子であることは間違いない。

iPhoneを製造する鴻海の光と影

アップルがiPhoneをなぜ成功に導けたのか。その理由のひとつは、アメリカ国内のアップル工場で生産するのではなく、台湾のＥＭＳ企業「鴻海」の中国工場で生産したからだと指摘した。台湾のＥＭＳ企業「鴻海」がなくては今のアップルの成功はないと言っていい。

ところで、中国と台湾の国際・外交関係は古くて新しい問題だ。民主主義国の「台湾」を呑み込みたい中国共産党による独裁国家「中国」は、国際舞台のあらゆるところで台湾の活動を締め出そうとしている。台湾の蔡英文総統は外交的にはＧＤＰで20倍、人口で50倍ある中国にイジメられていると世界は見ている。

そして日本人から見ても、台湾企業の鴻海と同社の創業者でＣＥＯのテリー・ゴウは、中国政府や中国の自治体役人の顔色をうかがい、機嫌を損ねないように中国工場の運営を行って商売をしていると思いがちだ。

ところが、実態はそうではなかった。中国大陸で１００万人以上の中国人を雇い、たくさんの税金を納めてくれる鴻海は中国政府にとって、とりわけ自治体にとってはありがたい存在だった。

そして、その実態を暴く記事がニューヨーク・タイムズによって２０１６年に公表された。ニューヨーク・タイムズは政府の機密文書を入手し、中国における鴻海と中国の行政府との関係を詳しく調べあげたのだった。その内容は関係者を大いに慌てさせ、世間を驚かせた。詳しく見ていこう。

河南省の州都で人口約600万人の鄭州市《ていしゅう》は、鴻海の工場と従業員用住宅の建設のために15億ドル（約1700億円）以上の補助金を鴻海に出していた。それだけでなく、鴻海工場の操業開始から5年間は法人税と付加価値税を免除し、さらに次の5年間はそれらの税率を半分だけ支払えばいいという取り決めもしていた。

鄭州市のサービスはここで終わらない。社会保険やその他の従業員のための支払いについても、最大で年間1億ドル（約110億円）の引き下げを行っている。そして、鴻海工場を動かすための電力や輸送費も補助し、鴻海が輸出目標を達成できたときは、それに応じて交付金も支払う二重、三重の仕組みができていた。

もっと驚くのは、鴻海の工場で働く労働者の研修を自治体が行い、労働者の採用も自治体の関係部署が人材派遣会社に働きかけ行わせていたことだ。しかも、派遣会社が人材の斡旋を行うと、ここでも助成金を出していた。鴻海がｉＰｈｏｎｅの急激な立ち上げ時期でも、人手不足を心配しないですむ前代未聞のカラクリはここにあった。

製品は中国大陸から香港へ行き、そして中国大陸へ戻る

鴻海は中国で引く手あまただ。２００７年にｉＰｈｏｎｅが登場すると、そのハリケーン旋風に乗った鴻海はｉＰｈｏｎｅの製造能力拡大のために、中国各地で新たな生産拠点探しを始めた。

すると中国の各地の自治体で鴻海誘致戦が繰り広げられた。北京の清華大学の研究者によると、「それはまるでオリンピックの誘致合戦のようだった」という。

そもそも鴻海が中国に工場進出した初期においては、中国で生産した製品はまず香港に輸出する決まりになっていた。その後、中国に再流入するという「香港経由のＵターン」がわざわざ手間をかけて行われていた。これは何もアップルと鴻海に限った話ではなく、大手多国籍企業はどこも「香港経由のＵターン」をやっていた。もちろん、中国に再輸入されるときは関税が課されていた。２００５年、アップルの携帯音楽プレーヤーｉＰｏｄを中国で鴻海が生産していたときも、船で香港に輸出し、その後Ｕターンして中国本土に再輸入していた。

だが、2007年には「香港経由のUターン」ではなく、中国の製造工場から中国国内の配送センターへ直接輸送する道が模索されていった。

中国自治体の鴻海への厚遇

鴻海と鄭州市との工場誘致協議の過程を振り返ると、鴻海が提示した条件はとんでもなく高飛車なものだった。

まず、工場を保税区内に建設すること。その工場の出入口にはiPhoneの輸出をスピーディーに行うための税関を設けること。そして、アップル製品の出荷を効率的に行うために、工場立地は空港から数キロ圏内にしてほしいと、よくもまあこれだけ都合のいい要求を並べたものだと呆れてしまう。それでも、中国の経済発展から取り残されていた鄭州市はこの条件を全て呑んだのだった。

したたかな中国の役人なら、約束はしても実行はしないことも多いが、相手がテリー・ゴウではそうはいかない。

テリー・ゴウと約束したとおり、鄭州市は鴻海のために経済特区を新設し、そこを保税区として便宜を図った。それだけでなく、2億5000万ドル（約290億円）を貸与した。そして、工場からわずか数キロのところにある空港では、鴻海のために100億ドル（約1兆1000億円）を投じて大規模な拡張工事も行った。

テリー・ゴウは1988年に中国大陸に進出すると、中国共産党幹部や要人とも交流を深めたが、肝心なのは現地の自治体であり、中国共産党の地方組織と関係を強めていった。そのおかげか、2012年に中国山西省の省都の太原《たいげん》で2000人規模の従業員による暴動が起きたときは、武装警官などが大量投入されて鎮圧した。これもテリー・ゴウと行政府との深い関係があっての出来ごとだった。

中国の役人をアゴで使う連中とは

「我々（鴻海）にワーカーの十分な確保を約束していただろう。我々の要求を満たせないならば資本を引き揚げるまでだ！」

2012年4月、中国のラジオ局CRIが報じた鴻海本社の人材部門関係者の発したこの強烈な言葉が向けられた相手は、四川省政府の役人だった。

鴻海工場で働く労働者の採用を自治体が引き受け、人材派遣会社に働きかけて助成金まで出す。これはなにも四川省政府だけでなく、中国のさまざまな自治体が鴻海に対してしていた。

台湾人が、中国本土で中国の役人を怒鳴りつける。そんな様子は、日本で暮らしている我々には想像もできないことだった。鴻海は中国共産党の顔色をうかがうどころか、鴻海の言うことを聞かなければ工場を別の場所へ移す、引き揚げるといった脅しもできる強者の立場にあることを我々は理解しておく必要がある。

アップルがｉＰｈｏｎｅを手ごろな値段で、大量かつタイムリーにユーザーに届けることができるのは、アップルの技術力だけでは不十分だ。鴻海に中国の自治体からコストと労働者の供給面での特別待遇があったからだ。ｉＰｈｏｎｅの製品設計、ティム・クックのサプライヤーマネジメント力、鴻海の対応力。この三つが備わって、アップルを1兆ドル企業に押し上げたのだ。

ニューヨーク・タイムズは、中国での鴻海と自治体政府との助成金交渉についてアップルに質問をぶつけたが、アップルは何も把握していないと知らん顔を決め込んだ。ＣＥＯティム・クックが見ているのは在庫管理のスプレッドシートであって、見ていないのはサプライヤーと中国とのサービス密約書のようだ。そこをもし見れば、パンドラの箱を開けることになるとクックＣＥＯはよくわかっている。

第3章
恐るべき
オペレーションのパワー

ジグソーパズルのように複雑なサプライチェーン

ティム・クックがオペレーションをどのように巧みに構築し、マネジメントしていたのか。その様子をみていこう。

図4はiPhone6Plusにどんなサプライヤーが、どの部品を製造し供給しているかの複雑なサプライチェーンを表したものだ。

たとえば、iPhone6PlusのCPU「A8」をみると、製造は台湾のTSMC社が主に担うが、「A8」はSDRAMが積層される構造になっているので、このSDRAMは日本のエルピーダ社(現マイクロンメモリジャパン社)から購入して行う。さらに、台湾の欣興電子、韓国のセムコ社などの実装用パッケージ基板を調達し、最後の工程となる封止と測定は、台湾の日月光半導体社に一部委託している。

カメラモジュールでは、レンズは大立光電が、モジュールの組み立てとCMOSイメージセンサーはソニーが生産を行っている。だが、詳しく見ると、CMOSセンサーの封止は日月光半導体社に委託し、モジュールへの組み立ては中国の環旭電子が行っているもようだ。

このように、複雑でジグソーパズルのようなサプライチェーンがアジアを中心に構築され、しかもタイムリーに製品化を行って、予定の納期と数量を販売店やユーザーに供給できるかどうかはティム・クック率いるオペレーションチームの力にかかっていた。

厳選され、ふるいにかけられるサプライヤー企業たち

アップルが取引するサプライヤーは固定制ではなく、新製品に応じてふるいにかけられる変動制で、1社供給にならないようセカンドソースの発掘も並行して常時行われている。

たとえば、英Imagination Technologies社はグラフィックプロセッサーGPUの知的財産権を持ち、製造もしていた。同社のGPUはiPhoneに用いられ、同社の主要製品に成長した。しかし、アップルは自社でグラフィックプロセッサーの設計開発に乗り出し、成功する。

その結果、Imagination社にGPUライセンスの使用を止める旨をアップルが通告するや、同社は倒産状態になり、身売り先を探す騒動に陥った。Imagination社の2016年度の

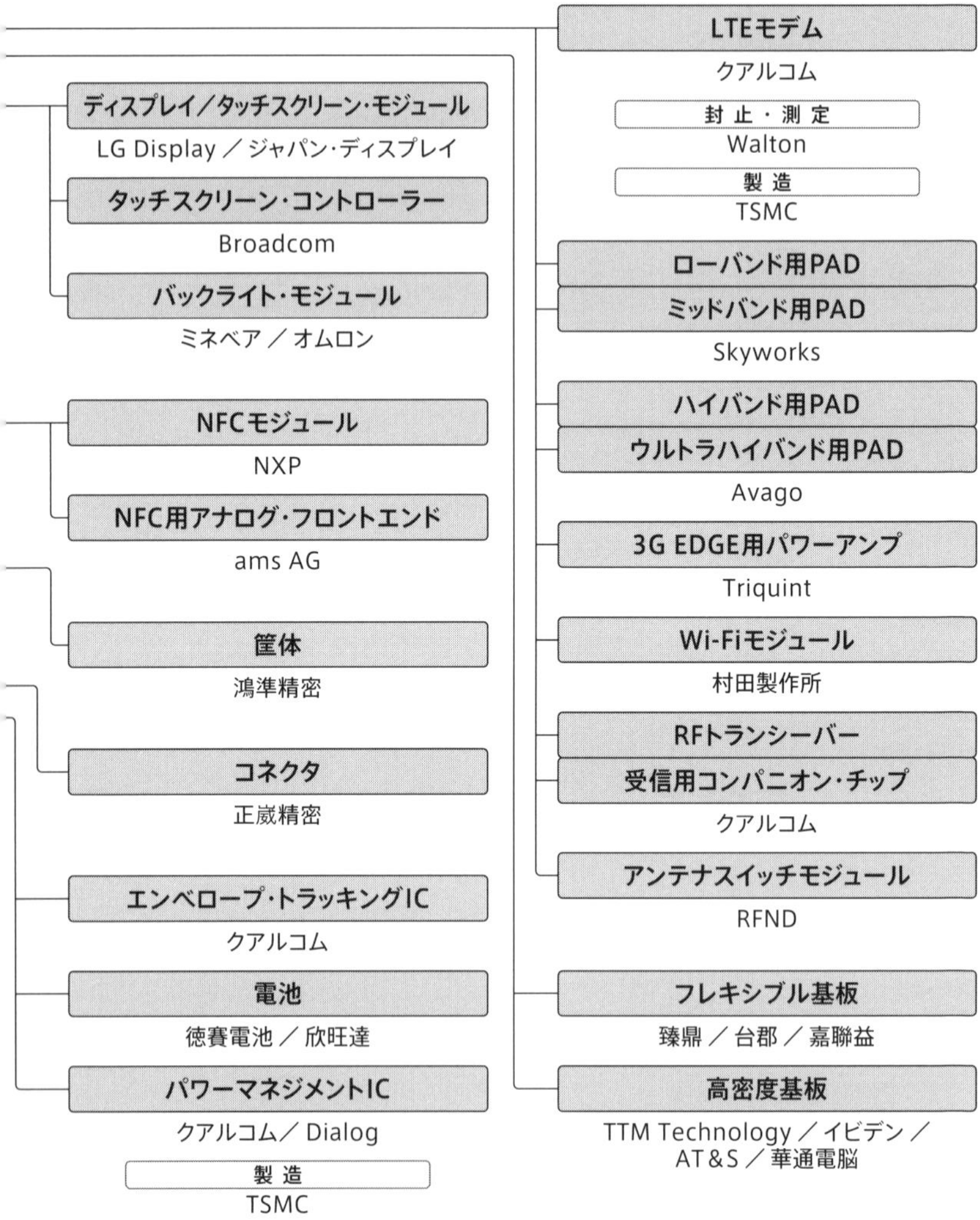

出所：「アップル社の成長過程と生産体制の現状に関する研究」秋野晶二
／『立教ビジネスレビュー』（第8号、2015年）を基に著者が作成。

図4　iPhone 6 Plusの主要部品とサプライヤー

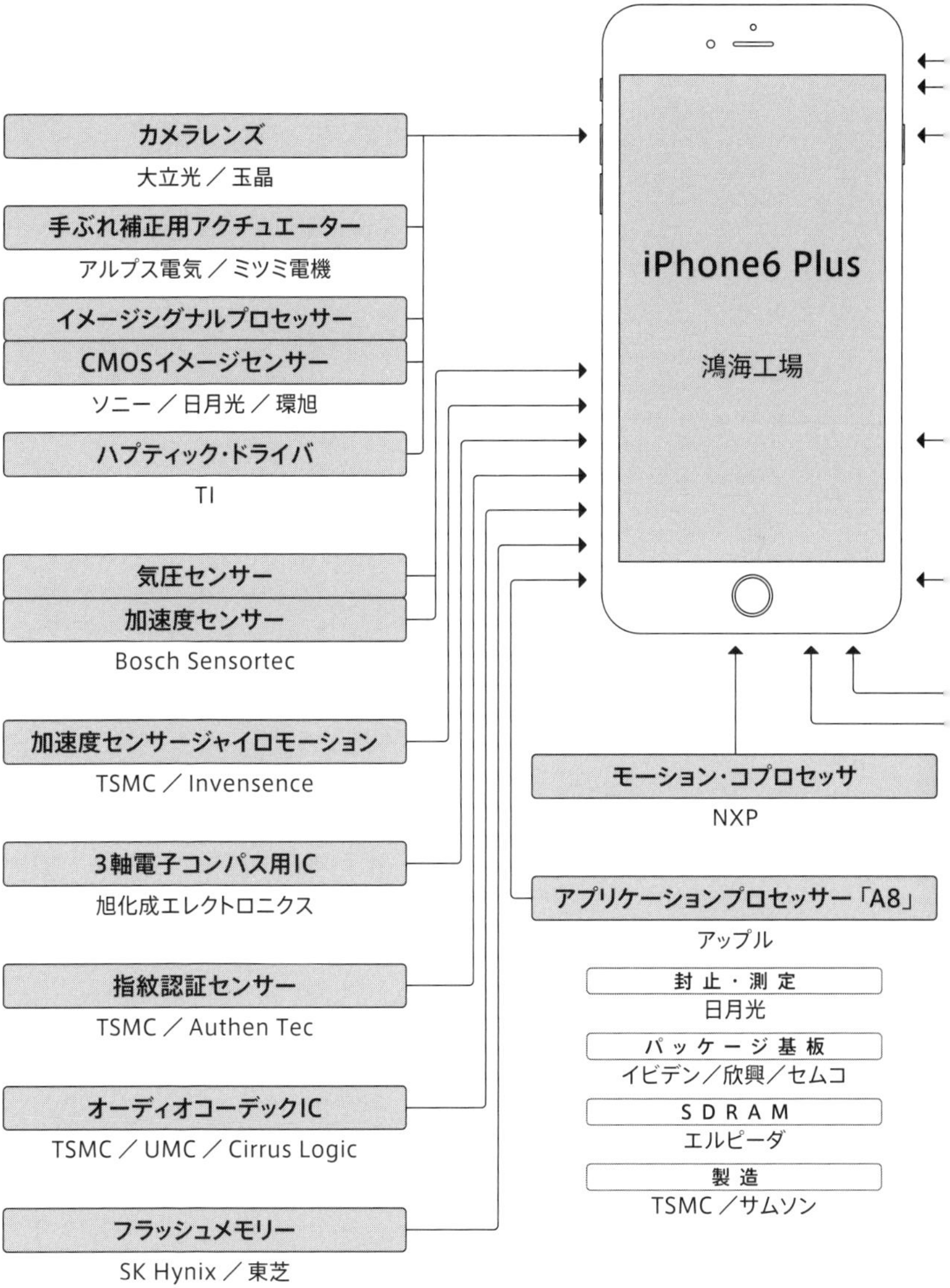

総売上1億2000万ポンドの半分以上がアップルからのライセンス料収入だった。このように、サプライヤーからするとアップル一本足打法は良いときは良いが、悪くなると一気に悪くなってしまうリスクもある。

アップルが公開しているサプライヤーリストを見ると、2017年では調達費用の98％を上位200社が占めていた。その内で一番多いのは台湾企業の45社で、日本企業は43社あり、パナソニック、TDKや太陽誘電などの名が挙がっていた。

台湾企業では鴻海をはじめ、アップルウォッチを作っているクアンタ・コンピュータや、iPadを製造するコンパル・エレクトロニクスなどが名を連ねていて、これらの企業はいずれも中国工場で中国人を雇い生産を行っている。

さらに部品レベルで見ていくと、電源ケーブルのLongwell（良維）社、精密モーターのSUNON社など台湾メーカーが新たにサプライヤー入りした一方で、音響部品のForgrand社や周波数制御デバイスのTXC社が今回は外れていた。

ただし、台湾企業は一度アップルの受注を失っても、次機種が立ち上がるときに敗者復活戦的に再度受注を獲得することも珍しくない。それができるのは、経営者の手腕に大いに関係するが、アップルに過度に依存しない経営構造も必要条件だ。

サムスンとの微妙な関係

サムスンとアップルがｉＰｈｏｎｅの知的財産を巡って法廷闘争を長年繰り広げてきたことは有名だ。

7年越しのアップルとサムスンの法廷闘争は、２０１８年に〝和解〟という着地点にたどり着いた。どちらが勝った負けたという話ではなく、和解だったことは、対立より協調を重んじるクックならではと言えた。

２０１１年にアップルがサムスンを訴えたこの裁判は、サムスン製の「Ｇａｌａｘｙ」とタブレット「Ｇａｌａｘｙ Ｔａｂ」がアップル製品をパクっている、つまりアップルの知的所有権を侵害しているというものだった。アップルは約20億ドルの損害賠償金などを求めた。

サムスンも黙ってはいない。訴訟は米国外にも及び、ドイツ、英国といった欧州、さらには日本や韓国などと世界に広がり、注目度は製品発表に匹敵する事態となった。

２０１２年に米裁判所は約10億５０００万ドルの損害賠償金支払いをサムスンに命じたが、その後4億５０００万ドルに減額され、さらに、再審理へともつれこんだ。

そして、2018年5月に5億3900万ドルという賠償金額がサムスンに支払うよう言い渡されていた。そして和解となった。

米国内でも判決が二転、三転し、海外でも同様になり、世間はアップルとサムスンの戦いはどうなっているのか専門家以外ついていけない状況に長い間なっていた。

最後にたどり着いたのが両者による和解だったが、その合意内容は明らかにされていない。

アップルとサムスンの戦いに勝者はいなかった。あえて勝者を探すなら、それは弁護士たちだ。一番金をもうけたのは弁護士たちだった。

したたかに次の手を画策する

こうした経緯を見れば、アップルとサムスンとの〝国交全面断絶〟を多くの人は容易に想像するだろうが、現実はもう少し複雑だった。

アップルはサムスンとの取引を一切断ったわけではなかった。

法廷闘争を繰り広げている間でも、アップルはCPU製造をサムスンに任せていた。さらに、iPhoneXの有機ELディスプレイはサムスン製を使っている。しかも、供給できるのは今のところサムスン1社しかない。iPhoneX用のディスプレイが世界で1社しか供給できないとなれば、サムスンも強気で交渉を戦える。

英国の市場調査会社IHSが行ったiPhoneXのコスト分析によると、部品の総コストは370ドル25セントで、そのうちサムスン製ディスプレイの占めるコストは110ドルと高く、約3分の1を占める。iPhoneの製品価格が1000ドルと高い理由のひとつがここにあった。

キーデバイスであるディスプレイが1社供給という状態では、iPhoneXのコストダウンは厳しい。そこでアップルは、セカンドソースをいち早く見つけ出そうと懸命だ。LGディスプレイなども最有力候補で、アップルのオペレーションチームが躍起になっている。セカンドソースが見つかれば、コスト交渉の主導権が握れて圧倒的にやりやすくなり、iPhoneXの大幅コストダウンも現実味を帯びる。

知的財産権で法廷闘争をしている敵とも取引を平然と続け、裏ではセカンドソースも探して品質、数量対応を万全にしておく。こうした深謀遠慮が必要な作業をクックが築いたオペレーションチームはあらゆる部品で行っている。

サプライヤーを細かく支配する

アップルと取引ができるサプライヤーは栄光に輝く。だが、同時にとても厳しい機密保持契約を結ばなくてはいけない。そこには、「アップルに部品を納入していることを口外してはいけない」旨が書かれ、もし違反すれば巨額の違約金を支払う羽目に陥る。世界で最も大量に販売されているiPhoneに使われている部品が、一体どこのメーカーで作られているかは、世界で最も知りたい秘密となっていた（なお、後年、企業名は公表するようになったが、どの部品を作っているかは明らかにしていない）。

ジョブズは新製品情報がアップル社員から外部に漏れないよう厳格に、時に病的なほど管理を徹底したが、クックはサプライヤーから取引情報が漏れることに細心の注意を払い、CIAのようにコントロールしていた。

いかなるサプライヤーもアップルと取引している内容を社外に話すことはできない。それだけでなく、ティム・クックは生産技術や製品技術の専門家チームをサプライヤーの生産ラインに送り込んで、すみからすみまで調べ上げる。

「この生産ラインは、どれぐらいのコストで部品を作っているのか」と、専門家も舌を巻くような質問を次から次へとサプライヤーに浴びせ、製造現場を徹底的に丸裸にし、原価を突き止めてしまう。その目的は、コスト交渉を主導権を持って行うためだ。会議中でもポケットからエナジーバーを出して食べ、休日にはスポーツで汗を流すＣＥＯティム・クックは、細部にこだわる経営者である。

個々の部品の納期管理にもアップルは目を光らせる。そのために、ディスプレイや半導体といったキーデバイスは当然のこと、ボリュームボタンなど小さな部品に至るまで購買担当者がついてチェックを欠かさない。

アップルは、部品サプライヤーでの部材の生産から出荷、納品の日程をアップルと共有できる管理システムを入れさせている。こうすることによって、サプライヤーでの生産計画に関しては、１ヶ月、２ヶ月先までの製造予定を１日単位で把握し、問題があれば素早く手を打つ。準備こそが大事なのだ。

ティム・クックは母校オーバーン大学の卒業式の祝辞でこう言っていた「スポーツの世界と同じようにビジネスの世界でも、ゲームが始まる前に勝敗は大半が決まっているものです。チャンスが訪れるタイミングを意のままにすることはまずできませんが、準備なら自分の意思で整えておくことができます」。いかなるときも準備を怠らないことがクックの真骨頂だ。

新製品を予定日に送り出す秘策

ティム・クックの納期に対する姿勢は極めて厳しい。しかし、サプライヤーは、アップル向けの部品だけを作っているわけではなく、他の企業に納める部品も作っている。

ところが、もしサプライヤーの工場でアップル用の部品の歩留まりが悪かったりして納期に遅れそうな事態が生じたときは、サプライヤーは他の生産ラインを止めてまで、設備と人員をアップル用の部品生産に振り分け、総出で納期に間に合わせることが求められる。そこまでティム・クックの要求は厳しかった。

ところで、「日本人は時間に正確だが、外国人は時間にルーズだ」とよく言われるが、ことアップルは納期に関して日本人以上に厳しいかもしれない。

日本メーカーの部品もｉＰｈｏｎｅに使われてきた。そして、東日本大震災が起きた直後でも、アップルの購買担当者は日本メーカーに連絡を入れ「生産に問題は起きていないか」「納期は遅れないか」と確認を取り続けたという。〝モーレツ社員〟という言葉が当たり前で、〝エコノミックアニマル〟と海外から蔑称され、「24時間働けますか」のＣＭが普通だった日本人でも驚くほど、ティム・クック率いるアップルのメンバーは生産計画の達成に心血を注いでいる。

とりわけ、新製品の発表と連動して販売予約を開始し、急激な数量アップの量産体制が一気に動き始めるとき、生産ラインでもしトラブルが起きたら「アップル、iPhoneの生産遅れ!」とマスコミに叩かれ、とんでもないことになり、株価が下落する。

アップルの記事は、そこらの政治家のスキャンダルよりはるかに注目度が高い。視聴率が稼げ、販売部数が上がるからだ。良くも悪くもジョブズが作ったアップルは注目度満点の企業なのだ。

そのため、アップルの新製品の立ち上げ時期にはサプライヤーの工場に出向いて、生産計画通り新型iPhoneが作り上がるように、近くのホテルに泊まり込んで完全サポートを断行する。もちろん、このときも1日単位で生産計画をフォローしていた。これに応えることができるサプライヤー企業は世界でもそう多くはない。

ヒット製品の舞台裏で

初代iPhone発売の6週間前に、スクリーンをプラスチックからガラスに変更するようジョブズが言い出した事件があった。

ジョブズがｉＰｈｏｎｅの試作品をポケットに入れて持ち歩いていたところ、プラスチック製のスクリーンに擦り傷が無数についていた。ポケットに一緒に入れていた鍵が引っかき傷をつけたのだった。

「擦り傷がつくような製品が売れるか！」とジョブズは激怒し、ガラス製のスクリーンに急遽《きゅうきょ》変更する決断をした。これはアップルからみれば、製品へのこだわりを表す素晴らしい物語だった。

しかし、サプライヤーから見れば違った姿が見えてくる。

鴻海のｉＰｈｏｎｅ担当の社員は真夜中に急に呼び出され、ガラス製のスクリーンをフレームに取り付ける組み立て作業のシフトに入るよう命じられた。24時間体制で何としてでも完成させ、納期に間に合わせなければならなかった。

技術レベルが高く、対応力があり、ときに無茶な注文にも突貫工事で応える耐力も、アップルと付き合うサプライヤーには必要だ。鴻海はその代表格であり、ｉＰｈｏｎｅの成功は鴻海の創業者でＣＥＯのテリー・ゴウの力なくしては語れないことだ。

母親の金で起業した男

鴻海の創業者テリー・ゴウは1950年10月に台湾で生まれた。父は警察に勤めていたが、一家の収入はそれだけで、16歳のときに中国海事専門学校に入学すると、学費のためにテリー・ゴウは働き始める。

ゴム工場や砥石工場などで働き、航運管理科を卒業し、兵役を経て大手海運会社に入った。仕事を通じて貿易の重要性を理解し、貿易の根幹は生産だと気づくと、製造業を始めることにした。24歳の時だった。

母親から金を借りて資本金30万台湾元（当時のレートで約220万円）で「鴻海プラスチック企業有限公司」を創業し、白黒テレビのつまみを生産する。以降、テレビ用の高圧陽極キャップの製造などプラスチック加工業を猛烈に働きながら推し進めていった。

当時の台湾は、政府は大企業しか優遇せず、中小企業の資金調達は難しく、零細企業に至っては政府や銀行を頼りにせず、自力で生き延びるしか方法がない悲惨な状況だった。

しかし、この厳しい環境が経営者としてのテリー・ゴウを育てた。

コネクターで飛躍する

プラスチック部品は金型の精度で品質が決まる。そのことに気がついたテリー・ゴウは、自社で金型を製造するために金型工場を設立。新人の金型職人を採用し、教育することで技術水準を安定化させ、さらに高い品質を求めるようにした。

しかし、当時の台湾のプラスチック加工業界ではこのやり方は異端だった。「金型なんて外注した方が安いのに、どうしてわざわざ自前で作るのか」とよく聞かれた。

テリー・ゴウの働きぶりは猛烈だった。日の出とともに家を出て金策に走り、家に帰ってくるのは深夜遅く。あるときは、契約を取るために雨の中を外で4時間も立ちっ放しで客を待ち、結局、相手にされずに終わったこともあった。

1980年、30歳の誕生日を迎えたテリー・ゴウは松下電器に鴻海製の部品の売り込みに出向いていた。この頃の彼は「日本では、たとえ町工場でも素晴らしい部品を作っている。その理由は、素晴らしい発注元企業が存在し、技術の発展を後押ししているからだ」と考えるようになっていた。

台湾では、発注元メーカーは大した技術力もないのに、下請け企業へ無茶な注文をしては、利益を吸い上げる状況だった。それに対し、下請け企業をパートナーとみなして積極的な技術育成を行う松下電器の姿勢にテリー・ゴウは感銘を受けていた。

1981年、IBMがパソコン市場に参入し、「IBM PC」を発売。テリー・ゴウはパソコンで使われるコネクターに着目し、市場は拡大するだろうと考え、開発をはじめた。これが大きな転機となる。

鴻海製のコネクターの販売はPC産業の躍進とともに伸びて、鴻海は毎年20％の成長を遂げるようになった。米国から自動化メッキ設備を購入し、さらに第4世代の「自動制御機能付きプラスチック成形機」を米国から48台購入するなど、技術開発力の向上を図る。「私は高価な品などの個人的な楽しみにお金を使うことはない」というとおり、利益は最新の機械設備に投入していった。

コネクターから始まり、PCの筐体、コンセント、基板、ビデオカードなどに広げ、メインボード、システムの組み立てへと事業を次々と発展させていった。

ワンマンな経営スタイルのテリー・ゴウは、日本の技術を積極的に吸収し、鴻海でトヨタ生産方式で有名なカンバン方式をはじめ、5S運動（整理、整頓、清潔、清掃、しつけ）も実践し、製造現場力の向上を図っていた。

スピードが勝利を運んでくる

スピードがテリー・ゴウの強みだ。1995年に鴻海がコンパック社から筐体の注文を受けたときは、翌日には製品の研究開発、原材料の仕入れなどの業務をはじめた。1ヶ月後には深圳に工場用地を探し出して、その2ヶ月後には工場の建設をはじめた。さらにその3ヶ月後には筐体のサンプルを製造し、米国のコンパックへ送って承認を取り付け、量産をはじめた。スピーディーな対応力は、鴻海の高い技術力と相まって、ビジネスの成否を分けるとテリー・ゴウは考えていた。

ティム・クックがオペレーションの責任者として1998年にアップルに入社してから、アップルはさまざまな地域の部品メーカーを調査し、製造能力のあるEMS事業者を探していった。

アップルのiMacの筐体は、当時、韓国LGが製造していたが、そこにセカンドソースとして鴻海が割り込むことになる。デルなどPCメーカーのEMSをしていた鴻海をアップルが調査分析して、自社のサプライヤーリストに入れることに決めたのだった。

しかし、問題が起こった。LGがiMacの筐体サンプルを鴻海になかなか見せようとしなかったのだ。ＬＧとて、簡単に敵に塩を送るわけにはいかない。

するとテリー・ゴウは「ただ待っていても仕方がない」とばかりに自分たちでさっさとサンプルを作ることにした。金型設計に自信がある鴻海が作ったｉＭａｃの筐体はアップルに認められた。これがアップルとの取引の第一歩となり、飛躍の序章となった。

不都合な現実

しかし、成長は一本調子ではいかないものだ。

２００６年、アップルのｉＰｏｄが鴻海の工場の劣悪な労働環境で作られているという記事を英国デイリー・メール紙が報じた。１日15時間働いても月給は約50ドルと低く、１００人の労働者がひとつの部屋で寝起きし、バケツで服を洗濯しているという記事はかなりショッキングだった。事実は、記事が言うほど悪くはなかったが、ほめられる環境には程遠かったことも確かだ。

この頃のアップルはというと、Ｍａｃで従来のＰｏｗｅｒＰＣからインテル製ＣＰＵへの移行が始まり、ビートルズのアップルレーベルとの商標権で３度目の戦いが法廷判決を迎えようとしていた。ちなみに過去2回の戦いはアップルの敗訴だった。そして、ｉＰｈ oneの秘密裏の開発がいよいよ大詰めを迎えようとしていた大事な時期だった。

それでも、アップルはこのときすでに人権、健康、環境などに関する厳しい行動規範を守るサプライヤーとしか取引しないことにしていたが、それはまだ建前でしかなく、行動規範が守られているかどうか足を運んで確認することはなかった。

当時COOだったティム・クックもサプライヤーに納期は守るよう厳しく目を配っても、そこで働いている農村から出てきた若い作業者たちが何時間連続で、どのような環境下で働いているかに目を配る余裕はなかった。

そして2009年に事件が起こった。鴻海工場において、アップルに送る予定だった開発中のiPhoneの試作品を、一人の中国人従業員が紛失した。当時はジョブズによる情報規制が厳しく行われていて、iPhoneの試作品を失くすなどとんでもないことだった。慌てふためいた鴻海の保安部係官による人権無視の取り調べを受けたハルピン工業大学出身のこの若者は、深夜に建物から飛び降り自殺した。

さらに2010年、鴻海の工場で働く19歳の従業員が飛び降り自殺をする事件が起こった。だが、そのときでさえ、テリー・ゴウも世界も事件に目を向けなかった。

それから約4ヶ月の間に13人の中国人労働者が鴻海工場の敷地内で次々と自殺を図った。そのうち10人が死亡し、最後の一人以外は、すべて飛び降り自殺だった。年齢は17歳から25歳と若かった。

鴻海の問題は、中国の平均値にすぎない

ここにきてやっと鴻海とテリー・ゴウは現実に目を向けることにした。「血と汗の工場」とマスコミに叩かれた鴻海だったが、給与面では基本給を900人民元（約1万1700円）から大きく改善して、2012年2月には2000人民元（約2万5280円）まで増額。さらにその後、新人社員でも4000人民元（約6万1360円）以上を保証するようになった。

勤務体系も2交代から3交代に変え、残業時間は3時間以内に制限して、労働者の平均残業時間を月80時間から60時間まで引き下げた。ただ、こうなると逆に、「残業代が減って困る」という不満を口にする従業員も出てきた。

自殺問題以外にも、暴動やストライキも起きていた。2012年9月には山西省太原の工場で、出身地を馬鹿にされた従業員が警備員から殴られたことに端を発して、2000人規模の暴動が起き、警察が鎮圧に乗り出す事態となった。2013年9月には山東省の工場で労働者同士が対立し、刃物や鉄パイプを振り回して数百人が乱闘騒ぎを起こしていた。

ただし、こういったことは鴻海だけで起こっていたのではなく、中国大陸のさまざまな

企業で何度も起きていたし、自殺率についても鴻海だけが突出していたわけではなかった。アップル、iPhoneというビッグネームにマスコミが飛びついたという側面もあった。

世界のCEOたちが気にかけないこと

2010年6月にスティーブ・ジョブズが講演中に、鴻海の労働環境を擁護したことがあった。「工場としては実に素晴らしい」と褒めたたえた。しかし、どのような労働環境になっていたかを実際に自分の目で見たわけではなかった。この頃、ジョブズの体は膵臓がんがかなり進行していた。だが、がんを患う以前からジョブズはサプライヤーの労働環境を気にする経営者ではなかった。

鴻海の自殺をマスコミは大きく取り上げたが、製造を委託している途上国での労働環境が問題となったのは、何も鴻海とアップルだけのことではない。NIKEは1990年代後半に、発展途上国の下請け工場で児童労働を放置したと批判されていたし、ファストファッションのH&Mなどの欧米アパレル企業の生産委託工場が入るバングラデシュのビルが倒壊し、1000人以上の死者を出した事故は記憶に生々しいだろう。

グローバル企業のCEOたちは、生産委託先の発展途上国でどんな作業者がどんな仕事をしているか、見に行くこともなければ、興味も持っていなかった。

だが、ネットやＳＮＳで情報が瞬時に世界中に流れる時代では、世間の目がそれを許さなくなった。大企業が人権や安全を無視して金儲けに走っていると国際的な批判が起こると、米国監督当局もグローバル企業のサプライヤー問題に目を向けるようになった。カリフォルニア州は２０１２年、製造委託業者に取引先の過酷労働防止策を公表させる「サプライチェーン透明法」を施行した。

鴻海工場での自殺事件と世間の批判、そしてこのサプライチェーン透明法が背中を押して、アップルはサプライヤー企業での労働環境問題に本気で取り組むようになった。それは奇《く》しくもジョブズからティム・クックがＣＥＯを受け継いだタイミングと合致する。

日本でも似たことが起きていた

鴻海のように、中国でＥＭＳ受託工場が増え、操業が拡大していくのと比例するように、工場周辺の河川が銅やクロムなどを含んだ廃液で汚染され、環境被害が出ているという悲鳴が次第に高まってきた。また、従業員が仕事場で使用している有機溶剤などの有毒物質を吸収して、健康被害を生じていることもあった。

ある生産受託工場では、従業員が手足が痺れるなど体調を崩したとき上司から「『将来的な補償責任をすべて免除する』と書かれた書類にサインすれば1万4000ドルの一時金がもらえる」と言われた。なんとひどいことが起きているんだとニュースを見て憤る日本人は多いだろう。

しかし、我々日本人も他国のことを批判できない。例えば、日本でも外国人技能実習生がひどい低賃金で長時間労働をさせられている。外国人実習生が労働災害にあっても、受け入れた日本企業は補償せず、怪我をした外国人実習生が自腹で治療費を工面しなければならないといった劣悪なる現実がどんどん増えている。さらに、ユニクロを運営する日本の大企業ファーストリテイリングが、海外下請け工場の劣悪な労働環境で現地の人たちに作業をさせ批判を浴びたこともあった。鴻海とアップルの労働問題は、なにも海の向こうだけの人ごとではなく、日本でも起きていることなのだ。

第4章
地球環境を守るための戦い

法外な斡旋手数料を取り戻せ

ティム・クックCEOの下でアップルは今や、サプライヤーに「大きなお世話を焼く企業」に変身していた。アップルが毎年公表する「サプライヤー責任」には「人に力を与え、地球を保護するサプライチェーン」とタイトルがあり、次の声明が記されている。

「私たちは、アップルのサプライチェーンにおける人権、環境保護、責任あるビジネス慣行に関して、自社とサプライヤーを最高水準に保っています。パートナーとともに、一般的な業界の慣行をはるかに超えて、サプライヤーの従業員の生活を改善すると同時に、次世代のために地球の資源を保護しています」

アップルは2017年にサプライヤーの95%をカバーする30ヶ国の企業に対し756の監査を実施し、「労働・人権」「安全衛生」「環境」の三つの観点からサプライヤー評価を行っている。

サプライヤーを100点満点で評価して、90点以上を「ハイ・パフォーマー」、60点までを「ミディアム・パフォーマー」、59点以下を「ロー・パフォーマー」としている。

そして2017年は「ハイ・パフォーマー」が前年よりも35%増加した一方、ロー・パフォーマーはわずか1%で、前年から71%減少していた。

アップルが定める「労働環境ガイドライン」への違反件数も報告されていて、最も多い違反件数は、週60時間の労働時間上限の超過だった。それ以外では、勤務時間の改ざん、強制労働などの違反があった。その中にはフィリピンからの労働者が、仕事の仲介業者から多額の斡旋手数料を要求される違反があった。これは、700人以上の労働者が、仲介業者から総額100万ドルもの斡旋手数料の支払いを強要されていた。アップルはサプライヤーに命じて、全額をこの労働者たちに払い戻させた。全体では約1億9000万円が従業員の手に戻った。

また、女性労働者に対してヘルスケア教育のプログラムを中国とインドで開始している。妊娠中の健康管理や、がんの早期発見などを含むプログラムで、2020年までにサプライヤーで勤務する世界の100万人の女性にこのプログラムを提供することを目標として活動している。

ところで、数年前のアップルの株主総会で、株主から厳しい要望がクックCEOにぶつけられたことがあった。「アップルは、投資利益が得られる見込みのある環境イニシアティブだけに投資すると誓いなさい」というものだった。

株主総会であり、協調と調和を重んじるクックらしくできるだけ好意的な答えに努めて、「アップルはさまざまな分野に展開しています。例えば、投資利益に寄与しない身体障害者へのユーザー補助機能などです。私たちはこうすることが正しいと考えていて、環境を守るというのも同様に重要です」と答えた。

しかし、この株主は納得しなかった。すると、日ごろ冷静なクックにしては珍しく憤慨し「もし、あなたが私たちのスタンスを受け入れることができないのなら、アップルの株を持つべきではありません」とはっきり言い放ったのだ。これは並の社長では言えない言葉だろう。

そういえば、MITの卒業生を前にしたスピーチでクックは、「もし、自分の考えが正しいと確信するなら、態度を明確にする勇気を持つこと」と語っていた。

100%再生可能エネルギーのアップルパーク

アップルは、世界43ヶ国にある自社オフィス、アップル直営店、データセンターなど自社施設すべての使用電力を100%再生可能エネルギーで賄うことについに成功したと

2018年4月に発表した。詳しく見ていこう。

クックのCEO就任から3年後の2014年には、アップルの米国内の全施設を100%再生可能エネルギーで稼働させることに既に成功していた。2015年には自主的なクリーンエネルギープログラムを立ち上げ、2016年には「再生可能エネルギー100%」を目指す国際的イニシアティブ「RE100」に参加した。2016年時点で、既に米国、英国、中国、オーストラリアなどの23ヶ国のアップルの施設で再生可能エネルギー100%を実現。2016年1月時点で達成率は93%で、2016年の自社施設のCO_2排出量を、2011年と比較し60%削減していた。アップルの本社があるシリコンバレーの「アップルパーク」は、備え付けた17メガワットの太陽光発電施設と、4メガワットのバイオガス燃料電池で100%再生可能エネルギー化を実現している。

アップルは再生可能エネルギーのリーディング企業となっている。

サプライヤーも巻き込む

海外でもグリーンプロジェクトは進んでいた。土地が狭いシンガポールでは、大規模な太陽光発電施設を建設する土地スペースが少ない。そこで、800以上の建造物の屋上に

32メガワットの太陽光パネルを設置し、シンガポールのアップルのすべてのオフィスとデータセンターの電力供給を完全に担っている。

さらにアップルは自社だけでなく、サプライチェーン全体のCO_2排出量削減にも積極的に取り組んでいる。これは特筆すべきだ。中国では四川省に委託生産企業から出るCO_2削減のために200メガワットの太陽光発電施設を建設。26万5000世帯超の年間電力消費に相当する規模になる。iPhoneの生産を行っている鴻海とは協力して、中国に400メガワットの太陽光発電施設を建設し、鄭州の鴻海工場の電力を賄うことを進めている。

100%再生可能エネルギーでアップル向け製品を作ることを約束したアップルのサプライヤーは2018年時点で23社となったが、そこには、日本のイビデンや太陽インキ製造が含まれている。そして、2020年までに4ギガワット以上のクリーン電力をアップルとサプライヤーとで生み出す計画になっている。

4ギガワットのクリーン電力とは、アップルの製造全体における2017年のカーボンフットプリントの30%に相当する。ちなみに、カーボンフットプリントとは、原材料の調達から生産、廃棄、リサイクルまで企業活動の全ての取り組みをCO_2排出量で示す数値で、2015年には3840万トンだったが2017年には2750万トンまで削減されている。これらはサプライヤー分も含んだ数値だ。

アップルは現在、世界各地で25の再生可能エネルギープロジェクトを推進していて、発電容量は626メガワットになる。

グーグルも再生可能エネルギー100%を推し進めているが、グーグルは製品を作っていないので製造工場はなく、あるのはデータセンターだ。その点がアップルと大きく違う。アップルの取り組みは、自社の施設やデータセンターに加え、サプライヤー、そして製品にまで及んでいる。

あらゆるCO_2を抑え込んでいく

アップルのサプライヤーも含んだカーボンフットプリントの内訳は次のようになっている。

製造による排出　77%
製品の使用による排出　17%
輸送による排出　4%
施設からの排出　1%

寿命を越えた製品による排出　1％

つまり、アップルのオフィスやデータセンター、さらにはサプライヤーなどの全施設からのCO_2排出量は、全体の1％にすぎないこと。製品の製造工程から出る量の77分の1でしかないことを意味する。

そこで、アップルは最も排出量の多い製造工程においてサプライヤーと連携し、製造プロセスを変えて温室効果ガス排出量を抑える活動を進めている。たとえば、アルミニウムの製造プロセスを変更し、サプライヤーでの再生可能エネルギー化を促進したことで260万トンの温室効果ガスを削減している。

iPhone7は、iPhone6より製造の際に排出されるCO_2を60％削減し、さらにiPhone8になるとiPhone7より30％削減した。これはアルミニウムのパーツを減らすことなどで実現していた。

また、「製品の使用による排出」についても着手し、製品の使用時の電力削減に挑んでいた。MacOSの省エネ機能の強化などに加え、MacBook Airの消費エネルギーは、初代のモデルと比べて52％低減を実現した。2008年から2016年まででアップル製品による使用時の平均消費総電力は64％削減することに成功した。

製錬所までも情報を開示

アップルは再生可能エネルギーなどのプロジェクト資金を調達するため発行する債券「グリーンボンド」を2017年に15億ドル発行した。15億ドルという額は米国市場最大だった。さらに2018年にも今度は10億ドルのグリーンボンドを発行した。

アップルはサプライヤー10社と共同で3億ドルのファンドを設立し、今後40年の長きにわたって中国の再生可能エネルギーに投資していくことにしている。サプライヤーの10社にはコンパル・エレクトロニクスやペガトロンなどが含まれている。

4月22日、113年前のこの日にギリシャではアテネオリンピックが開催され、約70年前の日本では漫画「サザエさん」の新聞掲載が始まった。そして49年前の1970年、米国では上院議員ゲイロード・ネルソンが環境問題について討論集会を開催しようと呼びかけた。以降この日を「アースデイ」として、地球環境について考える運動が広がっていった。

地球環境を考える日「アースデイ」には、毎年、アップル直営店に掲げられているリンゴのてっぺんの葉っぱの色が緑色に変わっていることをご存じだろうか。

気候変動へのアップルのキーパーソンは、リサ・ジャクソンで、環境・政策・ソーシャルイニシアティブ担当副社長を務める。化学の学位を持つ彼女は米環境保護庁でキャリアをスタートし、２００９年から２０１３年のオバマ政権時代に同庁の長官として気候変動の問題に対策を打ってきた人物で、２０１３年にアップルに入社した。

日本のマスコミは話題にしていないが、製品に使用される鉱物、原材料が、責任ある方法で調達されているかという企業責任を問う議論が欧米で起こった。この点にもアップルは注意を払い、行動を起こしていた。２０１０年には、スズ、タンタル、タングステン、金（３ＴＧ）について、製造から製錬所までのサプライチェーンを明らかにした。かくしてアップルは、サプライチェーン内の製錬所のリストを公表した初の企業となった。２０１４年にはコバルトのサプライチェーンマッピングを開始し、２０１６年に完了。２０１７年には、アップルのサプライチェーン内で確認されている３ＴＧとコバルトの製錬所のすべてが、第三者による査定プログラムに参加し透明化を図っている。

外圧をきっかけにする

サプライヤーでの労働環境、気候変動への対応、工場周辺の環境汚染などへのアップルの対策は、いまや世界をリードする目覚ましいものであり、日本企業も見習ってもらいたい。

だが、最初から積極的な姿勢を見せていたわけではない。それどころか、アップルは当初は知らん顔をしていたのだ。

そもそも、アップルがサプライヤーでの劣悪な労働環境に目を向けたのは、鴻海での自殺事件と世論の批判からだった。加えて、2012年にカリフォルニア州が、製造委託業者に取引先の過酷労働防止策を策定し、公表させる「サプライチェーン透明法」を施行したことも忘れてはいけない大きな要因だった。

また、経済協力開発機構（OECD）による「紛争地域および高リスク地域からの鉱物の責任あるサプライチェーンのためのデュー・ディリジェンス・ガイダンス」が制定され、2010年、米国金融規制改革法1502条により、米国上場企業には、紛争地域由来の紛争鉱物（スズ、タンタル、タングステン、金の3TG）についての情報開示が義務付けられた。

これらを契機に、アップルは前述した「製品に使用される鉱物、原材料が責任ある方法で調達されているか」という観点でスズ、タンタル、タングステン、金の3TGの製錬所のリスト開示とサプライチェーン・マネジメントを他社に先駆けて行うようになったのだ。

さらに、アップルのサプライヤー工場での労働問題だけでなく、周辺の自然環境問題については中国の環境保護NPOがアップルの工場周辺環境の問題への後ろ向きな姿勢を世界的に糾弾したことで、アップルは態度を変えざるを得ない状況に追い込まれた。

このように、いわば〝外圧〟があったことがアップルのサプライチェーンに関するさまざまな問題を変えるきっかけだった。もちろん、CEOがジョブズからクックに代わったことも大きな要因だった。クックCEOになって2012年以降アップルはサプライヤーの管理責任と真正面から向き合う決断をした。

外圧というきっかけをどう活用できるかは企業トップ次第だ。サプライチェーン透明法やOECDのデュー・ディリジェンス・ガイダンスがあっても知らん顔をしている企業トップはまだまだたくさんいる。

アップルの豹変ぶり

中国におけるアップルのサプライヤー工場周辺の河川汚染など環境問題について、アップルの変貌ぶりはなかなか興味深い。

2011年8月31日、アップル社のサプライヤーによる工場周辺の環境汚染について中国の環境NPO「公衆環境研究センター（IPE）」など五つの環境保護NPOが厳しい調査報告書を世界に向けて発表した。

「アップルのもう一つの顔2」と題するこの報告書によると、アップルのサプライヤーによる汚染が生産の拡張とともに広がり、現地の環境や住民の健康への大きな脅威となっていると指摘。1月20日に発表された報告書の第1弾「アップルのもう一つの顔」とともに2回の調査の結果、アップルの27のサプライヤーで環境関連の問題が発見されたという。

環境保護NPOであるIPEの活動はアップルだけが対象ではなく、中国に展開するグローバルIT企業29社が対象であり、調査の結果、それらのサプライチェーンにおいて基準を超える重金属の排出が判明し公表した。

IPEの目的は、周辺環境悪化に対する欧米の発注企業による改善対応であり、29社に連絡を取って回答を求めた。多くの企業は周辺環境汚染の深刻さを認識し、改善対応への前向きな姿勢を見せた。

ところが、アップル1社だけが「サプライチェーンに関する情報を開示することはできない」と回答拒否の姿勢を取ったのだった。

IPEは報告書で「アップルのサプライチェーンからの排出物は大量で、市民の健康と安全を大きく脅かしている」と主張し、アップルが中国における「抜け道を利用」して「多大な利益を奪い取ろうとしている」と厳しく糾弾した。

ところが、アップルが毎年公表する「サプライヤー責任2011年進捗報告書」には、サプライヤー工場で137人の従業員が有毒な溶剤でiPhoneのスクリーンを拭く作業を行い、それにより中毒症状を起こしたことなど、36件の違反は書かれていたが、サプライヤー管理をどう改善し、環境汚染対策を進めるかといったことには全く触れていなかった。

「アップルのもう一つの顔」が発表されてから、環境NPOのIPEは何度もアップルに連絡を取り議論しようと持ちかけていたが、アップルからの回答はなく、知らん顔を決め込まれた。

ところが、「アップルのもう一つの顔2」が発表されると、やっとIPEにアップルからメールが届いた。議論を始めてもいいということだった。

それからのアップルの変化は目覚ましかった。知らん顔をする、拒否するといった姿勢から転じて、NPOとのコミュニケーションを取りはじめ、サプライヤーでの現場監査を試験的にスタートし、目先の問題解決だけでなく、将来的な対応まで話し合うようになっていく。2012年、アップルはサプライヤーの環境問題に積極的な態度に転換した。2011年から2012年のこの間は、ジョブズが最後の時を迎え、クックがアップルのCEOをバトンタッチされ、クック船長の舵取りが始まっていく時期と重なる。のちにアップルの環境・政策・ソーシャルイニシアティブ担当副社長となるリサ・ジャクソンがアップルに入るのは翌年のことだった。

「クローズド・ループ」による製品の完全リサイクル化への挑戦

アップルは部品で使う金属やレアメタルなどの「採掘」から、「加工」「組立・完成」そして、「ユーザーによる使用」から「廃棄」までの従来行ってきた一方通行のプロセスをガラッと変えて、廃棄される製品が再び「加工」に戻って、「組立・完成」へと繋がるクローズドな循環を実現しようと前代未聞の挑戦を始めた（図5）。つまり、究極の「クローズド型サプライチェーン」であり、「製品の完全リサイクル化」だ。

しかし、「そんなことをして、うまくいくんだろうか？」と疑う人たちや「リサイクルにはコストが非常にかかる。ビジネスにならないんじゃないか？」と心配する人たちも多くいる。専門家は「10年以上か、数十年単位はかかる夢物語」と予想している。

だが、ティム・クックは理想と現実の差を熟知した上で、クローズド型サプライチェーンが実現できると確信しているようだ。リサ・ジャクソン副社長は「私が知る限り、アップルはこの業界で唯一製品の完全リサイクル化の意義を理解している企業です」と語っていた。

図5　完全リサイクルによる「クローズド・ループ」

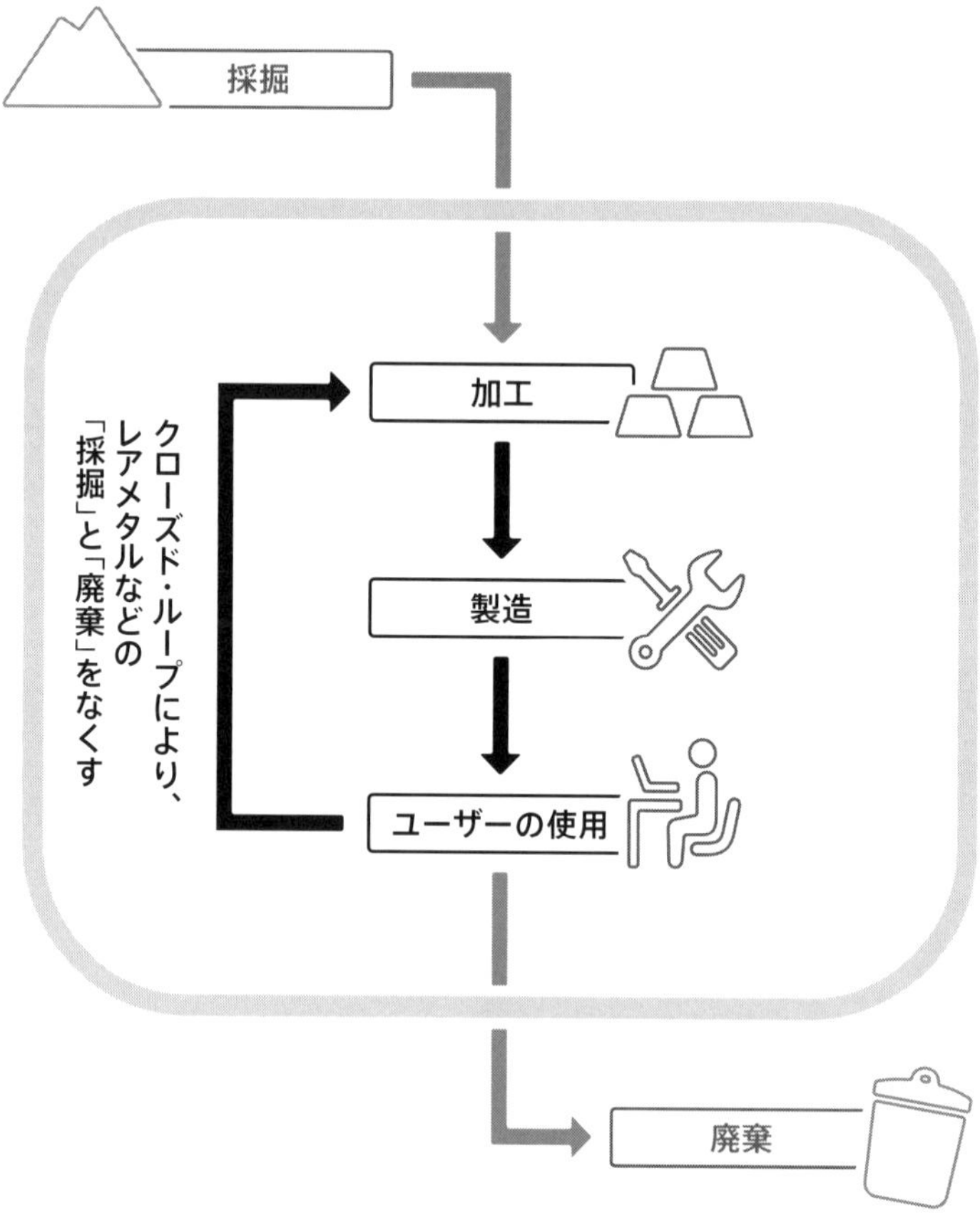

持続可能な完全循環型の確立

アップルの本気度は、2016年に登場したiPhone分解ロボット「Liam（リアム）」に見て取れる。Liamはiphone6のタッチパネルをロボットアームで本体から分離させ、リサイクルできる部品をセンサーで検出してパーツごとの分離作業を進めていく。例えば、外したバッテリーからはコバルトとリチウムを取り出し、システムボードから銀とプラチナを、カメラ部分からは金や銀を取り出すことができる。

そして、2018年には分解ロボットの2代目「Daisy（デイジー）」が登場した。LiamはiPhone6専用だったが、DaisyはiPhone5からiPhone7までの9モデルが分解できる。ちなみに、Liamは約100フィート（約30メートル）の作業工程に29台のロボットが配備され作業を行っていたが、Daisyは33フィート（約10メートル）のスペースで5本のロボットアームが約3分で1台のiPhoneを分解してしまう。

ところで、従来リサイクルのシュレッダーによる〝丸ごと細断〟では希土類元素（レアアース）が取り出せなかったり、アルミニウムをiPhoneなどで使うレベルの高品質アルミに十分再生できないという問題があった。

だが、Daisyは高品質なアルミを抽出、回収することができるし、希土類元素やタングステン、アルミ合金なども再利用できるようになった。

アップルは将来的に、再生可能な資源またはリサイクルされた素材だけを使って製品を作ることを目指しているが、これはOSやCPU、カメラレンズなどの機能や、より使いやすい製品といった性能面でのテクノロジーイノベーションとはまた別次元であり、ひょっとするとそれ以上に困難なイノベーションへの挑戦と見てとれる。

もし、前者を「ジョブズのイノベーション」と呼ぶなら、後者は「ティム・クックのイノベーション」と言ってもいいかもしれない。

アップル製品を使うことは、地球のためになる

ジョブズとティム・クックはそれぞれ性格も得意技もまったく違う。スティーブ・ジョブズは〝製品〟で名を上げた経営者だ。マッキントッシュにはじまりiPodやiPhoneなど世界を驚かせる製品を生み出し、人々のライフスタイルを変えた。ジョブズの真似をクックがしてもうまく行くはずがない。

ティム・クックはジョブズと違った方法で名を上げるのかもしれない。名人級のオペレーション術を武器にして、クローズド型サプライチェーンに加え、地球環境対策、サプライヤー労働条件の改善といったCSR的要素をより前面に打ち出した新時代の経営者とな

るのではと期待を抱かせる。

だが、一般企業では、環境問題などＣＳＲ活動もリサイクルも本業の余力で行っていることがほとんどだ。トヨタなら自動車を売ることが、パナソニックなら家電製品を売ることが、ＣＳＲ活動よりも必ず優先される。

しかし、ティム・クックは地球環境問題やサプライチェーンの健全化、製品の完全リサイクル化を経営の主軸に据えようとしている。

もちろんリスクは大きい。

まず、アップル社員がどこまでクックの唱えるＣＳＲ的活動の重要性を理解しているか疑問がある。スゴイ製品を生み出すことに全エネルギーを集中してきた企業風土だ。革新的な製品開発とＣＳＲ的活動とを両立させろといわれても簡単にできることではないだろう。

そして、ｉＰｈｏｎｅが売れて余裕があるからできることだとみる専門家もいる。経営が苦しくなってもＣＳＲ的活動をやり続けられるのか。アップルからの注文が減ったとき、サプライヤーは再生可能エネルギー１００％というコストがかかることを嫌がり出すのではないか。

さらに、サプライヤー工場での労働問題を改善し地球環境に優しいものづくりをしたと言われても、製品からユーザーは体感しにくい。ｉＰｈｏｎｅのカメラ性能が向上したことは使えばユーザーはすぐわかる。だが、地球環境に優しい素材で作っていると言われても、性能の向上に寄与するわけではない。

つまり、これは新たなアップル・プレミアと捉えるべきだろう。「アップル製品を使うことは、地球環境の保全に役立つことだ」。この感覚をこれからの消費者が持てるかどうか。それはジョブズ時代にはないティム・クックの大いなるチャレンジだ。

第５章
金儲けか、プライバシー保護か

アップルは、個人情報で金儲けはしない

「数年前、ユーザーはオンラインサービスが無料の場合、自分が顧客ではなく、〝商品にされている〟ことに気づき始めました。しかしアップル社では、素晴らしい顧客体験は顧客のプライバシーを犠牲にすべきではないと信じています」

これは2014年9月にアップル公式サイトに載せたティム・クックのメッセージだ。そしてこう続けていた。

「アップルは貴方がiPhoneやiCloudに保存する情報を〝マネタイズ〟することはありませんし、広告で利用するためにあなたのメールやメッセージを読み取ることもしません」

〝マネタイズ〟とは金儲けするという意味であり、CEOクックが暗に批判していたのはフェイスブックやグーグルであることはみんなわかっていた。グーグルは、検索などのサービスを無料で提供し、ユーザーデータを収集することで広告のターゲティングに利用している。一応、グーグルはユーザーの許可を得た上で行っているのだが、ユーザーがどこまでそのことを理解しているかは甚《はなは》だ疑問だ。

Gメールの内容はグーグルに読まれている

グーグルのメールサービスGメールは2012年頃から、電子メールの文面をグーグルが勝手に読んで、広告表示をしているとの指摘が始まっていた。2013年2月にはあのマイクロソフト社が「Gメールに騙されるな」というキャンペーンを行ったこともある。マイクロソフトは自社のメールサービスのアウトルックに利用者を惹きつけたい邪心からだが、指摘は的を射ていた。「グーグルはGメールの個人メッセージの詳細までスキャンし、その情報をターゲット広告に利用している」と公然と批判した。そして「マイクロソフトのアウトルックはGメールと違って、ユーザーの電子メールの内容を読んで広告を表示したりはしない」と皮肉っていた。

しかし、グーグルの創業時の社是は「邪悪になるな」だった。これは独占禁止法を適用されるほどPCのOS市場を圧倒的に支配し、傲慢になったマイクロソフト社のことを意味していたのは業界関係者ならよく知っていたことだ。

ところが時間が経ち、気がつくとグーグルも邪悪になっていた。失望した利用者は少なくなかっただろう。電子メールの扱いに関して法的な問題に晒《さら》されたグーグルは、2014年に同社のサービス規約を変更して、「ターゲット広告を提供するために電子メールをスキャンする」と明文化した。これに対して、イタズラがばれて開き直った子供のようだと批判した研究者もいた。

さらに、2017年になると「Gメールの内容をスキャンすることを止める」とグーグルは発表した。Gメールユーザーの情報はもう十分獲り尽くしたから、これ以上は要らないと思ったのだろう。なお、その間にグーグルは社是を「邪悪になるな」から「正しいことをやれ」に変更していた。誰にとっての正しいことなのだろうか。

国家の安全保障とプライバシー、どっちが重要か

アップルはかつて広告サービス・iAdを提供していた。アプリ開発者が自身のアプリケーションに広告を直接組み込むことができたが、2016年2月にこのサービスを中止した。そして、その前年秋にリリースしたiOS9には、広告を非表示にする（ブロックする）機能「コンテンツブロック」を既に搭載していた。ユーザーが広告を見たくないと思

えば、広告表示ができないようにする自由をアップルは与えた。これは、インターネットが「広告あり」と「広告なし」の世界に分かれていく契機となった。

ところで、最近のマスコミは「GAFAは個人情報を独占して金儲けに利用している」と無分別に報道しているが、それは間違っている。そもそもアップルは個人情報を集めて金儲けをする会社ではない。iPhoneやiPadなどモノを販売して利益を上げているわけで、広告収入で儲けるフェイスブックやグーグルとはビジネスモデルが根本的に違っている。

さらに、IT企業が個人情報を渡す相手は、金儲け目的の民間企業だけとは限らず、相手はときに国家の場合もあった。ヤフーやマイクロソフトは米政府から要請が出た途端に、ためらいなくユーザー情報を引き渡した前科がある。そんなときでも最後まで抵抗したのは個人のプライバシーを重視するアップル社だった。

そしてティム・クックCEOの下でアップルは例の事件が起きたときにも国家権力に逆らい、個人のプライバシーを守る選択をしたのだ。

例の事件とは、2015年にカリフォルニア州のサンバナディーノで起きた銃乱射事件のことだ。14人が犠牲となった事件の捜査にあたったFBI（アメリカ連邦捜査局）は、容疑者の一人が持っていたiPhoneの通信履歴を調べようと試みたが、どうしてもロックが解除できなかった。そこでiPhoneのロックを開錠するようFBIはアップル社に求めた。

だが、ティム・クックはこれを拒否した。するとFBIに司法省が加勢し、裁判所からも司法省の要請に従うようアップルへ命令が出る事態となった。

それでも、アップルのCEO、ティム・クックは拒否の姿勢を貫いた。アップル社の姿勢に対し、アメリカ国民の約半数は賛成したが、半分は批判の声を上げた。

とうとう、当時のオバマ大統領までアップルを批判する事態となった。大統領になる前だが、ドナルド・トランプは、「アップル製品をボイコットしろ！」といつもの無責任さ丸出しのツイッターで煽っていた。

トランプはさておき、オバマ大統領までアップルを批判したにもかかわらず、CEOクックの意志は固かった。ジョブズと違ってクックは話し方はおだやかだが、裁判所の命令を拒んだ理由については、きっぱりこう言い切った。

「命令に従ってロック解除の方法を米国政府に渡すことは、容疑者だけでなく、すべてのiPhoneユーザーのプライバシーが脅かされることに通じる」

民主主義国家だろうと米政府だろうと、必ずしも善良なる精神の持ち主ばかりとは限らない。権力を持てば乱用したがるのが世の常だ。プライバシーも悪用される。こうした考えはクックだけでなく、ジョブズにも共同創業者のウォズニアックにも共通していた。

個人情報を売り渡して平気な顔で金儲けをしているフェイスブックやグーグルとは違う

という姿勢をアップルのティム・クックは最近より一層明確にしている。

そんなアップルに対し、米国人のプライバシーは守るが、中国人は守らないのかという議論が起きていた。

中国市場で展開するiCloudのサーバーを中国企業へ移管しろと中国政府から脅されたアップルは、2018年3月にこの要求を呑んだからだった。

中国企業へ移管すれば中国人のプライバシーは中国政府に筒抜けになる。「どうしたアップル」という落胆の声が聞こえたが、これは無理な願いだ。ヤフーはユーザー記録を中国政府と戦うことなくあっさり渡して、反体制ジャーナリストが逮捕される事件を引き起こしていた。

少なくともアップルは中国政府に拒否の姿勢を示して戦った末の結果だった。狡猾で強硬な中国政府との戦いは民間企業ではもはや無理だ。良くも悪くもトランプ大統領にまかせるしか手はない。

グーグルにまんまと騙されたジョブズ

iPhoneが誕生したことで恩恵を受けた人は世界中にたくさんいる。その中の一人がマーク・ザッカーバーグだろう。ｉＰｈｏｎｅがなければフェイスブックの利用者がここまで急速な広がりを見せることはなかったに違いない。

そして、ｉＰｈｏｎｅがあったからアンドロイドは生まれた。

だが、アンドロイドが２００７年末に発表されたとき、それなりに話題にはなったが、高い評価を下した専門家はいなかった。ジョブズもアンドロイドなど眼中になかった。ｉＰｈｏｎｅはハードもソフトもアップルが支配していたが、アンドロイドはオープンソースが売り物で、ＯＳはグーグルが提供し、ハード設計は各メーカーが行う。ｉＰｈｏｎｅと設計の基本思想は真逆だった。

アンドロイドの携帯電話を最初に作ることになったのは台湾のＨＴＣで、このメーカーの名前だけでは世界の注目を集めるには力不足だった。

アンドロイドの生みの親のグーグルで当時ＣＥＯを務めていたエリック・シュミットは、アップルの社外取締役もしていた。そして、ジョブズに対して「アンドロイドを心配する必要はないよ。ｉＰｈｏｎｅと争うつもりはないから」と耳打ちしていた。グーグルの創業者セルゲイ・ブリンもラリー・ペイジも、アンドロイドはｉＰｈｏｎｅのライバルにはならないとジョブズに説明していた。

稀代のビジョナリストであり、直感に優れたジョブズだったが、アンドロイドの見立てだけは間違っていた。グーグルの説明を額面通りに受け取ってしまったのだ。iPhoneの快進撃ぶりにジョブズは慢心していたのかもしれなかった。

そして、2010年1月、HTC社がiPhoneと似たスマホ「ネクサス・ワン」を誕生させたとき、ジョブズは騙されたことに気づいた。ネクサス・ワンはスワイプやピンチズームなどiPhoneで実現した新技術をパクった製品だった。

新製品説明をアップル社員向けに行うタウンホールミーティングで、ジョブズは怒りを爆発させた。アップルはグーグルのやっている検索ビジネスにクビを突っ込んでいないのに、「向こうは携帯電話ビジネスに踏み込んできた。間違いなく連中はiPhoneを殺そうとしている。だが、そんなことをさせるもんか」。そしてグーグルを口汚く罵ったのだった。

HTC社のスマホの設計は、OSはグーグルが行い、ハード設計はHTCが行っていた。アップルはグーグルを標的にする方法もあったが、実際に製品を製造・販売しているHTC社を相手取って特許違反をしていると訴えた。

アップルが起こした訴訟についてジョブズはこう吐き捨てた。「この訴訟は『おいグーグルよ、よくもiPhoneを盗みやがったな。隅から隅まで盗みやがって』ということだ。重窃盗罪なんだ。この悪事を正すためなら、アップルが銀行に持つ400億ドルの全てを使ってもかまわないし、必要なら、俺が死ぬ間際の最後のひと息だってそのために使ってやる。アンドロイドを葬り去る。なぜなら、盗んで作った製品だからだ。水爆を使ってでもやってやる」。怒りは頂点に達していた。

ジョブズは、マッキントッシュの技術がビル・ゲイツにパクられた悪夢とダブらせていたのだ。

ただし、パクられるのは、それだけスゴイ製品だということの証しでもある。アップルは世界一パクられやすい会社だった。サムスンとの法廷闘争を始めるのはHTC社提訴の翌年だった。

アンドロイドスマホが安いのにはワケがある

「アンドロイドが安く購入できるのは、ユーザーが個人情報をすべて与えているからだ」と衝撃発言をしたのは、街角を歩いていた名もなき若者ではなく、ロジャー・マクナミーだった。CNBCのインタビューでアンドロイド批判をぶち上げたマクナミーは、ベンチャー・キャピタルのエレベーション・パートナーズの共同創業者で、創業間もないフェイスブックに出資をしたことでも有名で、ザッカーバーグへの助言も行ってきた人物だ。それだけに、世間の驚きは大きかった。

グーグルはアンドロイドOSを無償公開している。ただ、それだけではアンドロイド端末としては不完全で、「Maps」や「Gメール」「グーグルプレイ」などを実装する必要があり、そのためにはライセンス料を支払わなくてはいけない。グーグルは公表していないが、ライセンス料はスマホ端末1台当たり約75セント程度の金額と予想されるものの、このライセンス料で大儲けする気はさらさらなく、アンドロイド端末を使うユーザーからの情報を収集することこそがグーグルの最大の目的だった。

グーグルの使命は、世界中の情報を整理し、世界中の人々がアクセスできて、使えるようにすることだ。グーグルは世界中の情報をデータ化し、巨大なデータセンターに蓄え続けている。PCもスマホも情報の入り口として存在し、自動運転車の開発も、データを収集するために行っている。たとえば、自動運転車は〝走るスマホ端末〟と見ればわかりやすい。グーグルは広告収入を食らって生きている。

そして、フェイスブックはそれ以上に個人情報を貪欲に食らって急成長してきた。フェイスブックは利用者の個人情報を広告主に売り、広告主はターゲット広告を利用者に展開している。これによってフェイスブックは広告収入がガッポリと入り、広告主は商品の販売チャンスを手にできる。利用者は、自分の興味のある広告に目が行くかもしれない。だが……、自分の気づかぬ秘密まで第三者に知られてしまう。

フェイスブック利用者が、何気なくプロフィールに出身地や出身学校、自分の趣味や好きな映画、最近読んだ本など個人情報をたくさん書き込めば書き込むほど、フェイスブックはその人物がどんな人か、より理解する。「いいね」を40～50回でもクリックすれば、会社の同僚よりもその人のことをフェイスブックはよく知り、100回もクリックしようものなら、親友よりもその人のことをフェイスブックは理解してしまう。遠くで暮らす両親よりも、その人のことをフェイスブックは深く知っているかもしれない。フェイスブック傘下のインスタグラムでNIKEのスポーツシューズをクリックしたら、翌朝のフェイスブックにNIKEのスポーツシューズの広告が登場していたなんてことは珍しくない。

個人情報は企業にとって販売チャンスの入り口だ。しかし、ふと、気味悪く感じることはないだろうか。

個人情報がたくさん集まれば集まるほどフェイスブックの広告収入は増え続ける。2017年度のフェイスブックの売上は約406億ドルで、そのうち広告収入が約399億ドルと約98％を占めていた。直近2018年度第3四半期の売上は約137億ドルで前年同期比約33％の伸びを示した。フェイスブックの株価は2018年7月24日には200ドルを超えた。ところが25日に第2四半期の決算発表をした途端に株価は175ドルに急落し、フェイスブックは今や危機に瀕している。

フェイスブックの三つの課題

ケチのつき始めは2016年の米大統領選挙だった。20億人を超えるユーザーを持つフェイスブックの個人情報のうち最大約8700万人分が、コンサルティング会社ケンブリッジ・アナリティカにユーザーの知らないうちに売り渡されていた。そして、米大統領選に出馬していたトランプ候補の選挙キャンペーンに悪用された〝ケンブリッジ・アナリティカ事件〟は米国だけでなく世界を揺るがせた。

詳しく言うと、英ケンブリッジ大の心理学者アレクサンドル・コーガンが「性格診断アプリ」という診断テストを通じていろいろな情報をフェイスブックユーザー約27万人から引き出した。学術利用と称して得たはずのこれら個人情報を、ケンブリッジ・アナリティカ社にコーガンは売り渡し、そこには27万人のユーザーの友達に関する約5000万人分のデータも本人の知らないうちに収集されていた。これら個人情報が2016年の大統領選でトランプ支持に利用されたとする疑惑だ。ちなみに、ケンブリッジ・アナリティカ社はトランプを大統領にした立役者ともいわれる保守のスティーブ・バノンや、トランプ支持者で米共和党に資金援助もしている大富豪のロバート・マーサーが共同創業者になっていた。

さて、現在のフェイスブックが抱えている課題は少なくとも三つある。

まずは、フェイスブックのユーザー個人情報保護が不十分なことだ。最近でも2018年10月にハッカーがフェイスブックから約2900万人のユーザー情報を盗んだ事件が起きていた。これは欧州で新しく施行された一般データ保護規則（GDPR）に関する初の試金石になると注目を集めている。GDPRは、個人データのEEA（欧州経済領域）の外への持ち出しを禁じ、違反すれば最高で世界売上の4%か、2000万ユーロ（約26億円）のいずれか高い方が科される。フェイスブックは10億ドル（約1120億円）以上の制裁金が課される危険性がある。

二つ目は、嘘のニュース、「フェイクニュース」への対策が不十分なことだ。2016年の米大統領選では、極右などが流すフェイクニュースの拡散にフェイスブックが有力な手段として悪用されていたという。フェイクニュース対策では、米国議会からザッカーバーグCEOは突き上げられているが、有効な手立てはまだ打ち出せていない。

三つ目は、「個人情報はタダなのか」という本質的な問題だ。フェイスブックは個人情報を広告主に売り渡すことで金儲けをしている。だが、そもそも個人情報を金儲けに利用していいのか、サードパーティ（第三者）企業に個人情報を売り渡していいのか。そして、もしそうする場合、ユーザーはそのことを本当に正しく理解できているのか。この危機をザッカーバーグはどう乗り切るのだろう。

「もしアップルが、顧客を商品として扱ったら大儲けができる」

アップルのCEOティム・クックは2018年10月にベルギーのブリュッセルで行われた「データ保護プライバシーコミッショナー国際会議」の基調講演で、「個人データの大量の収集は、実際の監視に相当する」と警告していた。

クックは「断片的なデータの一つ一つは無害だが、それらが入念に収集され、統合され、取引されて販売されている。極端なことを言えば、継続的なデジタルプロフィールが生み出され、企業に、あなたよりもあなたのことを詳しく把握できるようにさせている」と発言した。

ティム・クックはロバーツデール高校時代に吹奏楽部に所属し、学校のイベントやスポーツ大会でトロンボーンを吹き、映画『スター・ウォーズ』に熱中した。だが、そんな1970年代半ばの牧歌的な時代は過ぎて、プライバシーは今やダークサイドの手に落ちようとしているように見える。

２０１８年5月に発効した欧州のプライバシー保護規則（ＧＤＰＲ）をクックＣＥＯは支持し、米国も同等の規制を作るべきだとブリュッセルの国際会議で提案したのだった。反体制のカウンターカルチャー的企業風土を持つアップルが、政府の何らかの規制を支持するというのは以前には絶対に考えられないことだった。だがこれも、時代の変化なのだろう。

ＳＮＳにおける個人のプライバシー保護に関しては、実はスティーブ・ジョブズも重要性を認識していて、同じシリコンバレー企業だがグーグルなどとは違うことを２０１０年に開催されたウォールストリートジャーナルのイベント「AllThingsD」で主張していたのだった。

ティム・クックはさらに踏み込んでいて、「もしわが社が、顧客を商品だと思い、それで金儲けをすれば、我々は多額の利益を上げることができる。だが、我々はそれをしない道を選んだ」とＭＳＮＢＣのインタビューで述べていた。そして「我々にとって、プライバシーは人権であり、市民の自由なのです」とターゲット広告で儲けているフェイスブックなどを批判した。

腹を立てたフェイスブックのザッカーバーグＣＥＯは２０１８年11月に入ると、フェイスブック社員にｉＰｈｏｎｅの使用を禁じ、アンドロイドを使うよう命令を出した。そのときの理由は、「アンドロイドが世界で最も人気のあるOSだからだ」。この説明をまともに信じたフェイスブック社員はどれぐらいいただろうか。

「フェイスブックはクソみたいなものだ」

フェイスブック批判がいろいろと世間を賑わせても、フェイスブックを使いたい人が多いことも事実だ。

だが、フェイスブックの開発に携わった元幹部チャマス・パリハピティヤの発言を聞くと少し気が変わるかもしれない。

現在はベンチャーキャピタリストのパリハピティヤは、「私たちは社会が機能する基本構造をバラバラにするツールを作ってしまった。とても罪悪感を感じている」とスタンフォード大学のビジネススクールの学生たちに語っていた。

パリハピティヤは、「いいね!」のような仕組みを例に挙げ、「短期的で、ドーパミンの分泌によってかき立てられるようなフィードバック・ループが社会の構造を壊している」と批判した。

「人々の会話も協力もなく、ゆがめられた情報と歪曲《わいきょく》された言動。これはアメリカだけの問題でもないし、ロシアが関与したフェイスブックの広告問題ってことだけでもない。地球全体の問題なんだ」とパリハピティヤは述べた。誰かがふとしたことで批判されだすと、事実や詳細をろくに知らずに批判の波に乗りたがる人々がたくさんいて炎上が起こる。それはインターネットだから、SNS時代だからだと捉えている人は多いだろう。

しかし、これはSNS時代の新しい問題ではない。古くからあった問題なのだ。たとえば、17世紀のオランダの哲学者スピノザはすでに同様の問題を指摘していた。スピノザは、彼のことをよく知らず、彼の本を読んだこともない人々によってとんでもない批判やバッシングを受けていた。身の回りでも、スピノザが共感する指導者が無責任な怒りに誘発された暴徒によって広場で虐殺されるという事件も体験していた。

スピノザは著書『エチカ』で次のように書いている。「無知者は、外部の諸原因からさまざまな仕方で揺り動かされて決して精神の満足を享有しないばかりでなく、その上自己・神およびものをほとんど意識せずに生活し、そして彼は働きを受けることをやめるや否や同時にまた存在することをもやめる」

つまり、無知者は外部から「働き」を受けると、引きずられて行動を始めるが、いったん終息すると何事もなかったように姿を隠すということだ。21世紀のネットの炎上騒ぎも同様のものだ。

SNSのデマが世界をゆがめていく

元フェイスブック幹部のパリハピティヤは「悪意のある人間が、多くの人々を操って、自分のやりたいように行動を起こさせてしまう。そんな極端な例を想像してみるといい。それが今まさに起こっていることであり、とんでもなく悪いことなのです」とSNSの脅威を指摘したが、その脅威はシリコンバレーから1万2000キロ以上離れたアジアにも及んでいた。

2018年3月に国連調査団はミャンマーのイスラム教徒の少数民族ロヒンギャに対する虐殺疑惑の中間報告を発表したが、ここでフェイスブック上での数々のデマがロヒンギャへの憎悪を煽っていることが報告され、またまたフェイスブックに厳しい目が向けられた。

ミャンマー政府軍が2017年8月にミャンマー西部ラカイン州で掃討作戦を開始して以来約70万人のロヒンギャの人々が隣国バングラデシュに逃れている。ミャンマー国内の世論がロヒンギャに対し憎悪と不安をかき立てている原因に、フェイスブックを使ったヘイトスピーチの横行があった。「ミャンマーのイスラム教徒の人口は、仏教徒を上回るようになる」とか、バングラデシュに避難した70万人のロヒンギャには、「中東の金持ちから一人当たり2000ドルの金が支給されていて、彼らはそれを目当てに避難している」と事実無根の話が横行し、フェイスブックに書かれたそんなデマをミャンマー国民は信じていたという酷《ひど》い話だ。

スタンフォード大学のトークセッションに参加していたフェイスブックの元幹部パリハピティヤは「フェイスブックを使わないようにしている」と学生たちに告げ、そして、自分の子供たちには「あんなクソみたいなものは使わせない」と明言した。SNSは人間の邪悪な部分をいとも簡単に増幅させる副作用を持っている。しかも、MIT(マサチューセッツ工科大学)の研究によると、デマのツイートは真実より6倍も速く拡散されるようで厄介だ。

個人情報を守るアップル

ティム・クックの下で、アップルは個人情報とプライバシーを守る方向に明らかに踏み出している。2018年カリフォルニア州サンノゼで開かれた開発者向けイベントWWDC2018でその姿勢がより鮮明になった。

フェイスブックはネット利用者を自動追跡するツールを用いているが、それを妨害する機能をアップルは次期ＯＳで搭載すると明言した。

振り返ると、アップルは前年２０１７年のＷＷＤＣで、サードパーティのクッキーによるＷｅｂユーザーの追跡（トラッキング）を制限するIntelligent Tracking Prevention（ＩＴＰ）を発表していた。

すると、ユーザー追跡機能を制限されては困るオンライン広告業界団体のＩＡＢ（Interactive Advertising Bureau）などから、反対の声が上がった。オンライン広告業界団体の主張は、アップルのＩＴＰはユーザー体験を損ない、インターネットの経済モデルを破壊するものだ、と舌鋒鋭かった。

だが、アップルはすぐに反論した。「ＩＴＰ（ユーザー追跡の制限）は広告をブロックするものではなく、実際にクリックし訪問したサイトの正当な追跡（トラッキング）を干渉するものでもない」と説明した上で、「アップルが行っていることは、消費者にとって良いことです。我々のやること全てを追跡する不気味な広告グループは必要ありません」と真正面から受けて立った。

そして、２０１８年、アップルは個人情報とプライバシーをより守る方向に技術を進めたわけだ。

アップルペイは何が狙いか

アップルはジョブズ時代にはやっていなかった決済サービス事業にも乗り出した。それが２０１４年からサービスを開始したアップルペイであり、これもプライバシーと関係している。

アップルペイはクレジットカードと紐づけされたｉＰｈｏｎｅやアップルウォッチを用いた非接触決済サービスである。ただし、アップルがクレジットカードの発行を行うわけではない。

バックヤードでの決済作業は従来のＪＣＢやマスターカードなどのクレジットカード会社が行い、ユーザーとのインターフェイスとなる「Ｗａｌｌｅｔサービス」をアップルペイが担う仕組みだ。具体的には、ｉＰｈｏｎｅで本人認証、セキュアな支払い、ならびに個人情報の保護を行っている。

アップルペイで支払えば、店の従業員が利用者の名前やセキュリティコードを知ることもないし、クレジットカード番号が店舗側に保存されることもない。また、アップル側も利用者を特定することはなく、個人情報がきちんと守られる。決済は、通常のクレジットカードと同様に、利用者、加盟店、カード発行元の三者間だけで完結するようになっている。

アップルペイの手数料収入は決済金額のわずか0・15%しかない。たとえば、10万円の買い物で、150円にしかならならず、「大して儲からない商売」と思える。ではなぜ、アップルペイをわざわざ出したのか？

狙いは個人情報の保護であり、その結果としてもたらされるのがアップルのエコシステムの強化だろう。自分の購買履歴を勝手に使われるのは嫌だと考える利用者は、アップルペイを選ぶようになってくる。アップルペイを使いたいためにiPhoneを購入するという人も出てくるかもしれない。今後の展開を見守りたい。

ところで、欧米のメーカーは自動車でもPCでも基本的にグローバル同一仕様で世界中に商売を展開してきた。それ故に、日本の事情に合わせて特別な仕様にすることを外資系企業の本社は嫌がった。

私がアップルのプロダクトマーケティングに勤務していたときも、「日本向けにこんな製品仕様にしてくれれば、もっと売れるんだ」という要望をクパティーノのアップル本社に何度も提案したが、いずれも却下されてばかりで悔しい思いをしたものだ。「日本のための特別仕様を時間と金をかけて開発しても、他の地域には販売展開できないので投資効率が悪過ぎる」というのがアップル本社の言い分だった。

しかし、アップルペイは日本独自の電子マネーサービス「Ｓｕｉｃａ」が使えるようになっている。

ジョブズ時代のアップルはグローバル同一仕様で通してきたが、ティム・クックは各国の市場に合わせた仕様でのサービス展開をきめ細かく図っている。日本でのアップルの売上は既に2兆円を超える規模だからこういった対応も頷けるし、クックだから実現できたともいえる。

ところで、グーグルもアップルペイと同様の決済サービス「グーグルペイ」を２０１８年2月から開始した。使えるクレジットカードの種類や電子マネー対応、ポイントサービスなど細かな相違はとりあえず横に置くと、やはり一番大きな違いは、利用者の購買情報を商売に利用しているか否かだ。

グーグルは広告収入で生存している。利用者情報を広告主に提供することで収益を上げビジネスをおこなっている。この点を消費者がどう捉えるか。自分の購買履歴を第三者に勝手に使われるのは気味が悪いと感じる利用者はアップルペイになびくかもしれない。逆に、自分の購買履歴を知られても何も気にしないよという利用者なら、グーグルペイを気にせず使うだろう。

マス広告からターゲット広告への変化

利用者の個人情報保護について、これまでアップルの立場から見てきたが、逆の方向から考えてみると違った風景が見えてくる。あなたが広告主になったつもりで考えてみよう。

昭和の時代の広告は「一方通行」で「不特定多数」に打っていた。従って、広告費用はべらぼうに高いが、その割に効果は低かった。テレビや新聞はいまだにこのやり方だ。闇夜に鉄砲を撃つ状態で、例えば、運転免許証を持っていない人に自動車の広告を見せたり、子どものいない人に子ども用おむつのCMを見せているようなことが繰り返されている。広告主が見せたい広告が、見たい消費者に届いていなかった。

さて、平成の時代に入り、インターネットが普及すると、検索ボックスに利用者が入れる単語には意味があると気づいた人がいた。ビル・グロスだ。

13歳で最初の会社をつくり、カリフォルニア工科大学在学中にソフト開発会社を立ち上げ成功させて天才起業家と称されたビル・グロスは、1997年にゴートゥー・ドットコム（GoTo.com）を設立した。ゴートゥー・ドットコムで彼は「検索」と「金儲け」を結びつけるアイデアを思いついた。それが検索連動広告だった。

ビル・グロスの検索連動広告は、広告主の支払った金額で表示順位が決まる仕組みだった。

ところが、このアイデアを批判した人物がいた。グーグルを創業したセルゲイ・ブリンとラリー・ペイジだった。検索は純粋に検索結果だけを表示すべきだと二人は考え、「広告費を財源とする検索エンジンは、本質的に広告主に偏り、検索利用者のニーズからは遠ざかる」と論文で批判した。

しかし、そのグーグルは優れた検索技術は発明したものの、金儲け（マネタイズ）がうまくいかず、投資家から集めた資金が底をつきそうになった。そのとき、ビル・グロスの考えた検索連動広告をパクることにしたのだ。それが、グーグル・アドワーズとなる。その後、グーグルは急成長してゆく。

もちろん、パクられたビル・グロスはグーグルを訴えて、紆余《うよ》曲折の末、両社は和解にたどり着いた。だが、実態はグーグルの敗訴だった。グーグルは自社の株式270万株、時価総額約400億円相当をビル・グロス側に渡した。

話を広告主に戻そう。

インターネットの技術を使えば、広告主の製品を売りたい相手がどこにいるかがわかるようになってきた。つまり、運転免許証を持っている人に、自動車の広告を見せることができるようになった。検索キーワードは、利用者が今何に興味を持っているのか、何をしようとしているのかといったことを暗示してくれる。

アマゾンなら、さらに利用者が実際に何を買ったかがわかる。利用者の購買履歴は広告主にとってとても貴重だ。

そしてフェイスブックなら、利用者の好きな映画、好きな食べ物から、支持政党までわかる。「いいね！」で趣味嗜好が見えてくる。どのようなアプリをダウンロードしたかで個人の特性がわかってくる。手がかりが多ければ多いほどＡＩ（人工知能）を使って個人の本当の姿を推測できる確率が高くなる。広告主は、製品を売り込む相手を格段に見つけやすくなった。

あなたが広告主なら、そのようなハイテクツールを持っている企業に広告を任せたいと思うだろう。ネットの世界は双方向であり、点在する個人情報をかき集めることも簡単にできる。ターゲット広告はこうして成長し、特にモバイルでの成長ぶりは著しい。

「甥にはSNSを使ってほしくない」

だが、個人情報は悪用される危険性も多分にある。既に述べた２０１６年のアメリカ大統領選挙でのフェイスブックによるケンブリッジ・アナリティカ事件がそのことを我々に突きつけた。インターネットと個人情報の関係は今や避けては通れない課題となっている。

そしてアップルによる、Web追跡ツールを遮断してしまう技術は、インターネット広告で大儲けをしているフェイスブックやグーグルにとって由々しき一大事だ。フェイスブックのCEOザッカーバーグはアップルとティム・クックを批判する事態となった。

ところで、ティム・クックはかつて英国の大学でこう発言していた。「私はテクノロジーを過度に使用することの価値を信じてはいない」。iPhoneを年間約2億台販売するアップルのCEOにしては驚きの発言だった。そして、自分の甥にはソーシャルネットワークを使ってほしくないとまで話していたこともあった。テクノロジーの功罪を正しく理解した上で使わないと、結局、自分自身がテクノロジーに使われてしまう。

問題は、広告収入ではなく、プライバシーの取り扱いだ

プライバシー問題でフェイスブックやグーグルを批判するティム・クックだが、矛盾点もはらんでいることを言及しておこう。

アップルのブラウザーSafariの検索では、グーグルの検索サービスをデフォルトとして利用している。プライバシーの懸念があるのにどうしてアップルはグーグル検索を使っているのかという厳しい指摘がある。

この指摘に対してティム・クックは、グーグル検索は最高の検索サービスであること。そしてSafariには追跡防止機能があるので、利用者のプライバシーは守られると米国HBOのテレビ番組で弁明した。だが、完璧な説明とは言い難く、プライバシー保護が完璧ではない点もクックは認めていた。

そして、細かく見ていくとアップルも広告収入は得ている。既に述べたが、アプリ開発者が自身のアプリに広告を組み込む「iAd」を2016年まで行っていた。現在はAppストア内のアプリ検索時に、「Search Ads」という検索広告が機能して、検索結果の上に広告が表示されるようになっている。ただ、Search Adsでの広告収入はアップルの売上の1%程度と微々たるものだ。

何より、クックCEOは広告収入がけしからんといっているわけではない。利用者の個人情報の扱いがずさんであったり、第三者に勝手に売り飛ばしていることを批判しているのだ。アップルのSearch Adsでは、データを第三者に販売しない、ユーザートラッキングは行わない、個々のユーザーデータは広告主に開示しないなど、プライバシー保護に十分な注意を払っている。

フランス政府がグーグル使用を禁止

15歳の高校生が同級生の母親と恋愛関係になる。しかもこの母親は24歳年上で学校の教師だった。これは映画や小説の話ではない。最年少でフランス大統領になったエマニュエル・マクロンの実話だ。

パリ政治学院、国立行政学院を出るとロスチャイルド家の投資銀行に入り副社長にまで出世したマクロンは39歳でフランス大統領の座を射止めた。

そのマクロン率いるフランス政府は２０１８年11月に、検索エンジンとしてフランス政府内でのグーグルのデフォルト使用を中止すると発表した。既に、フランス国民議会とフランス陸軍は10月にグーグルのデフォルト使用を禁じている。

グーグルはユーザーの検索履歴をトラッキングしてターゲット広告を表示することで広告収入を得ているわけで、マクロン大統領は「政府は利用者のプライバシー、インターネットへの安心、安全なアクセスを保護するためのルール強化、法制度の整備をしていかないといけない」と述べた。

これはグーグルやフェイスブックにとって不穏、かつ不吉な流れだった。

その対抗策にフェイスブックは打って出た。英国の元副首相ニック・クレッグを国際戦略・広報担当の副社長としてフェイスブックに迎えることにした。クレッグは中道左派政党、自由民主党の元党首で第１次キャメロン政権のときに連立政権を組んだ人物だ。英国政府への影響力を持ち、ＥＵとの人脈もあるクレッグにフェイスブックが求めるものは明白だ。ＥＵと欧州各国が躍起になっている個人情報の保護強化と、ネット企業の責任明確化という流れを弱め、あわよくば止めてしまいたい。ザッカーバーグはそう考えている。

ジョブズやビル・ゲイツの影響を受けたという彼は、ハーバード大学在学中にフェイスブックを起こし、26歳で総資産が６０００億円を超えた。現在はいろいろケチがついて株価は下がったがそれでも５兆円は超える。もっとも２０１８年７月に発表された米ブルームバーグの長者番付では８１６億ドル（約９兆円）と、バフェット氏を３億７３００万ドル上回って世界第３位にランク付けされていた。

７月上旬に２００ドルを超えていたフェイスブックの株価は12月には１３０ドル台に低迷している。ケンブリッジ・アナリティカ問題がきっかけだったが、たとえ四面楚歌でも、まだ34歳のザッカーバーグは簡単に軍門に降《くだ》るわけにはいかない。

ネット企業の税逃れ

一般データ保護規則――GDPRがEUで施行され、個人情報の保護に関してネット企業への風当たりは今後一層強くなっていくことは間違いない。

さらに、税制面でも「デジタル課税」の議論がEUで始まっている。

従来の法人税は、その国に事業所などの〝恒久的施設〟を有することが課税根拠だったが、それだけではネット企業に適正な課税ができないことが明らかになってきた。

日本でもアマゾンが大きな売上を上げているにもかかわらず、法人税を日本に納めていないと批判が巻き起こった。しかし、国際課税ルールでは「恒久的な施設がなければ課税しない」となっている。つまり、倉庫があっても、支店や工場がなければ、商品の保管と引き渡しだけを行う施設では恒久的施設と見なさないということだ。

だがこれでは、一般企業とネット企業間での税の不公平がさらに広がっていく。欧州委員会が2018年3月に「デジタルビジネス企業の税負担率は9・5%。伝統的ビジネス企業の23・2%の半分以下だ」と厳しく批判していることは知っておいた方がいい。

EUの提案するデジタル税は、ある一定以上の規模を持つネット企業、つまり、世界売上高が年間7億5000万ユーロ以上、EU域内の売上高が5000万ユーロ以上の企業に対しては、恒久的施設の有無にかかわらず、その国の売上高の3％を課税するという案だ。だが、結論に至るのはなかなか簡単ではない。

そこでEUの合意に時間がかかると見たフランス政府は、2019年1月にいち早く独自のデジタル課税の導入に踏み切った。するとブレグジットで揺れる英国も、2020年に2％のデジタル課税を実施すると発表し、予断を許さぬ状況になっている。

米国が中国と同じとは

EUのデジタル課税に関して、米トランプ大統領は「IT企業の狙い撃ちはけしからん」と反対している。米国はフェイスブックやグーグルからたくさんの法人税を徴収しているからで、分け前をEUや他国にそう簡単に渡すわけにはいかんというのが本音だ。

この構図は、日本で東京都が企業法人税を独り占めしていることに対し、地方自治体が「地方に税収をよこせ」と綱引きをしているのと極めて同形だ。そして、東京都知事はこれに反対している。

さて、EUのデジタル課税は、売上高に課税する方法で、それは良いことだけでなく問題もある。従ってデジタル課税はあくまで暫定的で、中長期的な課税ルールが実現するまでの緊急措置と位置付けている。

ところで、ＥＵのデジタル課税に反対しているのはトランプ大統領の米国だけではなかった。米中貿易戦争で角突き合わせている中国も反対している。さらにＥＵ加盟国ではルクセンブルクとアイルランドが反対に傾いている。

そのアイルランドは、アップル社が１９８０年代から南部のコークに工場進出してＭａｃを製造していて、現在も稼働している。

アップル社がアイルランドを選んだ理由のひとつは同国の法人税が12・5％と格安だったことにある。２０１６年にパナマ文書が出て、「タックス・ヘイブン」という租税回避地の存在と、違法ではない税逃れのやり方があることを世間は知った。それと同時に、自分たちだけが真面目に納税してバカを見ているのではと不満と疑問が渦巻いた。

アップル社は、アイルランドの格安な法人税以外に、同国とオランダの税法と、両国間の租税条約を巧みに組み合わせて税金を極力納めないで済むやり方を活用していたことがわかった。この方法を「ダブルアイリッシュ・ウイズ・ア・ダッチサンドウィッチ」と呼ぶそうだ。この舌を噛みそうな呼び名の手法を利用していたのはアップルだけでなく、グーグルやアマゾン、マイクロソフトなど多くの多国籍企業が節税スキームとして利用している。ちなみに、アイルランドの最近5年間つまり２０１４年から２０１８年までのＧＤ

図6 アイルランドの経済成長率

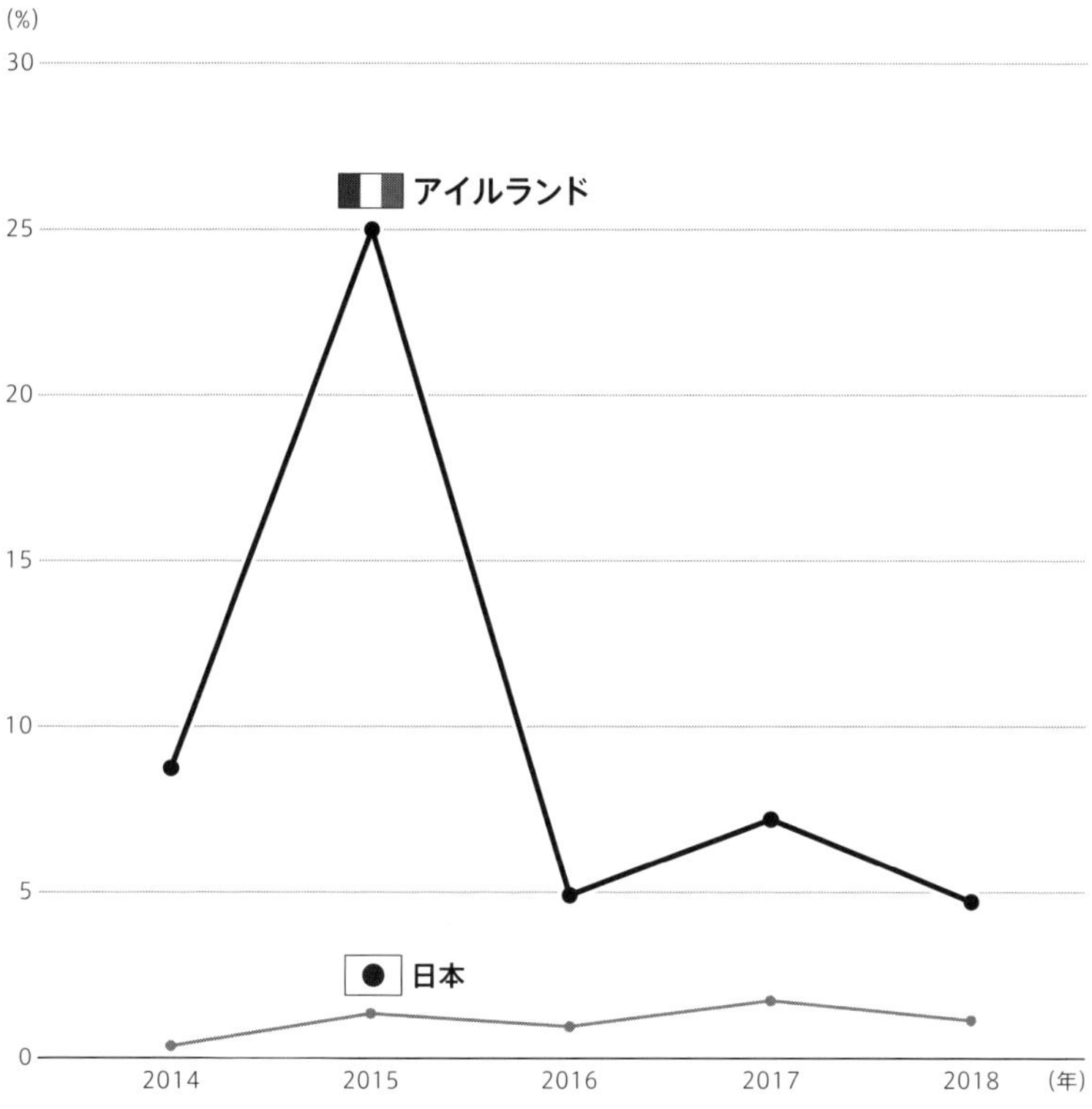

出所:IMF

Pの平均成長率は、約10％と先進国ではありえないほど素晴らしい伸びだ（図6）。

1980年代にアイルランドにアップルが工場進出したときからジョブズはこのような複雑な節税方式を利用していたのかは定かではないが、その恩恵に甘んじていられたのは2016年までとなった。欧州委員会は2016年8月、2004年から2014年にかけてアップルはアイルランド政府から不公平な税制優遇措置を受けていたと認定し、アップルから追徴税を徴収するようアイルランド政府に命じた。その追徴額は最大でなんと130億ユーロ（約1兆7000億円）だ。これに対し、アイルランド政府もアップル社も、「法的に問題はない」と反論し、異議を唱え、法廷闘争に持ち込んだ。

1兆8000億円をポンと払った アップルの財布

だが2018年4月、アップルのCEOティム・クックはついに追徴分の支払いを始めることを決断した。そして、5月から9月の間で追徴課税の130億ユーロ全額に加えて、利息分12億ユーロをアイルランド政府にアップルは支払った。利息だけでも約1560億円で、アップルが支払った総額142億ユーロ（約1兆8000億円）はアイルランド国家の医療保険サービスの1年間分に相当するという。そんな巨額をたった5ヶ月で完済するとは、約30兆円のキャッシュを持つ企業だからできる神業だろう。

ただし、アイルランド政府もアップル社も、欧州委員会に対する異議申し立ては引き下げず、アップルから転がり込んだ巨大資金は第三者が開いた「エスクロー勘定」で管理するとアイルランド政府は説明していた。

アイルランドのドナフー財務相は「アイルランド政府は欧州委員会の判断には根本的に反対で、撤回を求めている。ただ、EU加盟国として、政府支援と指摘された資金の回収に常に協力してきた」と苦しい胸の内を述べていた。

アップルは強気で、「アイルランド政府と協力を進めるが、欧州司法裁判所があらゆる証拠を精査して、欧州委員会の決定を覆すと確信している」とコメントしていた。もし、欧州司法裁判所が欧州委員会の決定にノーの結論を出せば、142億ユーロはアップルに返却されることになるのだろうが、なにはともあれ、最終的な司法判断が出るまでには5年はかかるとみられている。5年後にアップルのCEOはティム・クックがまだ務めているか、それとも別の人物がアップルを率いているか。

第6章
ティム・クックの新たな戦い

上司の言うことを聞かないアップル社員たち

アップル社員は、よく言えば〝個性豊かで多様性に富み、自己主張する〟。別の表現を使うと〝アクが強くて人の意見を聞かず、協調性がない〟。そんな社員たちを束ねるアップルのCEOは大変な仕事だ。

「アップルでCEOを務めるのは、米大統領の仕事より大変だ」。そんな雑誌記事が出たのは私がアップルで働いていた頃だった。

私が入社したときのアップルのCEOはマイケル・スピンドラーだったが、その約1年後にはギル・アメリオにCEOは交代した。傾きかけたアップルを救う救世主としてアメリオは期待された。物理学の博士号を持ち、半導体企業ナショナルセミコンダクターを再建した辣腕経営者として名を上げ、取締役会が自信をもってアップルCEOの座をアメリオに与えた。

だが、アメリオはCEOとして結果を残す前にアップルを追われることになる。特別顧問としてネクスト社からアップルに招いたあの人物のせいだった。もちろんそれはスティーブ・ジョブズだった。

ジョブズがアメリオをCEOの座から追い落とす以前の話をしよう。アメリオがCEOとしてアップルに入り、舵取りを始めてまず驚いたことは、アップル・ファンの熱狂ぶりと、アップル社員たちが組織的行動を全く取らないことだった。そして、前者よりも後者が問題だった。

つまりCEOの命令でも、自分がそう思わなければ「ノー」を平気で突き付ける操縦不能なアップル社員がたくさんいてアメリオを悩ませた。

アメリオはCEOに就任するや、アップル再建のために問題点を洗い出していくと、MacOSの技術的問題に気づいた。MacOSはアップル製品の心臓だ。そこで、R&Dのトップであるデビッド・ネーゲルと問題対応について話し合い、対応策を決めた。そして、CEOアメリオは別の重要な問題に取り掛かった。

すると2週間後、ネーゲルの部下でソフトウェアの責任者アイク・ナッシーとアメリオはたまたま話す機会に出くわした。「MacOSの改良の進捗はどうかな?」と尋ねたアメリオに、ナッシーはキョトンとした反応を返しただけだった。ナッシーは上司のネーゲルから何も聞かされていなかったのだ。

ギル・アメリオは再建のプロだ。この程度のことで怒ったり慌てたりはしない。ネーゲルに話したことと同じ内容をナッシーに辛抱強く説明した。辛抱は部下を育てるカギでもある。ナッシーは内容に納得し、アクションを取ることをアメリオに約束した。

さらにしばらくたってからアメリオは、今度はソフト開発現場のマネジャーのミッチ・アレンと話す機会を得た。「MacOSの件はどうなっている？」と期待を持って尋ねたのだが、返ってきた言葉は「何の話ですか？」。

アップルで働いている連中は、腕に自信のある一騎当千の強者《つわもの》たちばかりで、自分の考えこそが一番正しいと確信して疑わない。上司の意見に平気でノーを言う連中もいれば、イエスと言っておいて何もアクションしない連中もうじゃうじゃいた。日本の群雄割拠の戦国時代に武田信玄や上杉謙信、今川義元などが覇権を争った姿を想像してもらえればいい。自分こそ天下を治めるんだと自信満々、まわりとぶつかり合うのが当たり前。それがアップルの企業風土だった。

組織的行動が全く取れないアップル社員に驚いたのはなにもギル・アメリオが初めてではなかった。

ギル・アメリオの2代前のCEOであったジョン・スカリーもアップルに来て驚いた一人だった。東海岸の伝統ある大企業ペプシコで社長を務め、マネジメントの何たるかを熟知しているスカリーがアップルの重要な会議に初めて出席したときのことだった。会議室では出席者たちが、自分の関心あることを大声で怒鳴り合っていた。さまざまな意見を取りまとめて一つの結論に導こうという気配はみじんもない無政府状態だったことにスカリーは愕然とした。CEOのスカリーが議題に沿って議論を導こうとしても無駄だった。誰かが発言していようと私語が絶えず、発言を遮って思い出したように言いたいことをぶつけ、互いに攻撃しあっていた。上司の顔色をうかがう日本のサラリーマン諸氏には想像できない会社、それがアップルだった。

そんな自己主張の塊の連中を一つに取りまとめることができるのは、ジョブズだけだった。ジョブズは太陽系における太陽のような存在である。太陽は強烈な重力磁場で、どこかに飛んでいきそうになる大きい木星や金星を太陽の周りに規則正しく周回させる。ジョブズにはそれだけのカリスマ性と魅力があった。油断すると好き勝手な方向に飛び散らかってしまう強烈な個性と尖った才能たちを、同じ方向にグイッと向かせることができたのはアップルの歴史上スティーブ・ジョブズただ一人だった。

対立より協調を選び、周りの意見を聞くティム・クックは、果たして暴れ馬のようなアップル社員たちを御して自分が思う一つの方向に舵を取ることができるのだろうか。

アップルらしくない失敗

ＣＥＯクックが最初にクビにしたアップルの経営幹部はスコット・フォーストールだった。

長身でハンサムなフォーストールはスタンフォード大学のコンピュータサイエンスの修士を持ち、ネクスト社でジョブズと共に働き、腹心と呼べる人物だ。アップルによるネクスト社買収でアップルに入ると、ＭａｃＯＳＸの開発で活躍し、アビー・テバニアンの後任として昇進して、２００８年には上席副社長に就任した。なんといってもｉＯＳ開発の中心人物だった。

ハンサムでプレゼンも上手なフォーストールは、〝ミニ・ジョブズ〟と称されることがあった。表の理由はプレゼンをカッコよくこなすこと。裏の理由は、ジョブズの威光を笠に着て、好き勝手なことをするからだった。

だが、２０１１年10月にジョブズが亡くなってから、自己主張が強く協調性に欠けるフォーストールは、幹部たちとの間での確執が表面化していく。

一時は次期ＣＥＯ候補といわれたが、ケチを付けたのは地図アプリ問題だった。

2012年9月、アップルは自社で独自開発した地図を搭載したiPhone用の新OS「iOS6」をリリースした。新しいOSが出るたびに市場の期待は膨れ上がるが、残念ながら今回は失望の嵐となった。地図アプリが正しく機能しなかったのだ。全く別の場所を表示したり、大都市なのに白紙だったり、ベルリンの地名が間違っていたりと散々な出来だった。

日本国内でも問題が起きていた。青梅線に「パチンコガンダム駅」が登場し、羽田空港内に大王製紙があったりと、使いものにならなかった。

地図アプリが失敗した原因は、アップルらしからぬ拙劣なエンジニアリングにあった。まず、アップルが使っていたのは2010年以前に入力された古いデータだった。そして、デジタル地図は、ひとつのデータを基にするのではなく、複数のデータを結合して作ることが多い。日本地図の場合は道路などの広域データ（縮尺2万5000分の1）や、2500分の1サイズの土地の詳細データ、道路ネットワークデータ（ナビゲーション用に使われる）などを結合して土地の地図に仕上げるのが一般的だ。

ところがアップルはこの結合作業がうまくいっていなかったようだ。

インターネット上で騒がれた「パチンコガンダム駅」は、2006年ごろまで営業していたパチンコ店「パチンコガンダム」の古いデータと位置判定のミスが重なって出来上がったようだ。しかし、そのような場合でも「サンプリングチェック」をすれば防ぐことができたはずだと専門家は指摘する。地図アプリの失態は、アップルのエンジニア部門らしからぬ稚拙な失態だった。

この問題について謝罪すべきかどうか、フォーストールとCEOのクックたちとで意見が衝突した。大きな問題ではないという立場で、突っぱねてしまえというのがフォーストールの意見だった。

だが、ティム・クックたち他の幹部は、ユーザーに謝罪すべきだと主張した。謝罪しないのはミニ・ジョブズ的ともいえたが、協調と調和を重んじるティム・クックはCEOとして、地図アプリ問題を謝罪すると決めた。そして、スコット・フォーストールを解任した。

フォーストールが解任された日は、クックがCEOに就任してから約1年後、地図アプリ問題への謝罪文を出してから1ヶ月後のことだった。

アップルの猛獣たち

サラリーマン人生に人事異動はつきものだし、イイ目を見る人と、そうでない人が出るのも世の常である。

スコット・フォーストールが解任された人事で、イイ目を見た一人がエディー・キューだった。スペイン人の父とキューバ人の母を持つ明るい性格の人物で、問題を起こした地図アプリを引き継いだ。さらに、スタートは華々しかったがその後グーグルやアマゾンに追い抜かれた音声操作AIのSiriもエディーが責任者となった。現在は、インターネット・ソフトウェアとサービス部門の上席副社長を担っている。1989年のアップル入社だからもう30年もの古株と言え、iTunesの立ち上げや、MobileMeの終息とiCloudのローンチを成功させ、経験豊かだ。

経験豊かと言えばフィル・シラーを忘れてはいけない。ワールドワイド・マーケティングの責任者で、1987年にアップルに入ると約6年間働き、1997年にアップルに再入社した人物だ。iPodもiPhoneもiPadも彼抜きでは語れない。新製品発表ではジョブズとともに登壇してデモを何度も行うなど、アップル・ファンには顔なじみだが、気が短くて周りと衝突もよくする。

アップル製品は性能だけでなく、デザインの秀逸さもユーザーを惹きつける大きな要因だ。そのデザイン部門のリーダーがロンドン生まれのジョナサン・アイブである。ニューカッスル・ポリテックで工業デザインを学び、1992年にアップルに入社。半透明で丸みを帯びたiMacをはじめ、iPodもiPhoneもアイブにより革新的なデザインとなった。ジョブズが最も信頼を寄せ、多くの時間をともにした人物だ。

他にも、COOを務めるジェフ・ウィリアムズやソフトウェア部門のクレイグ・フェデリーニなど、いずれも優秀だが、一筋縄ではいかない自己主張とアクの強い面々だ。クック船長は才能溢れるこれら荒馬を御して、アップルの舵取りをしなければならない。

ところで、ティム・クックがクビにしたフォーストールは思いもよらない場所で才能を発揮していた。それはシリコンバレーではなく、ニューヨークのブロードウェイだった。アップル社を辞めて3年後の2015年、スタンフォード大学のコンピュータサイエンス修士号を持つフォーストールは、妻と共同プロデューサーを務めたブロードウェイ・ミュージカル作品でトニー賞の五つの賞を獲得したのだ。このニュースに多くの人たちが驚いたが、一番驚いたのは、間違いなく彼をクビにしたCEOティム・クックだろう。

サブスクリプションという時流

クックCEOの新たな戦いはネット配信事業でも繰り広げられていた。キーワードは〝サブスクリプション〟だ。

サブスクリプションとは、定額の使用料金でソフトウェアや音楽、映像サービスなどが「月単位」や「年単位」といった期間内で使用できる課金形態、また、そのビジネスモデルを表している。売り切り型と対比され、消費者の志向がモノの〝所有〟からサービスの〝利用〟へ変化しつつある今、サブスクリプションへの注目度はアップしている。

さて、アップルでのサブスクリプション型サービスは、アップルミュージックとＡｐｐストアでのアプリが挙げられる。

アップルミュージックは月額９８０円で５０００万曲の中から何曲でもストリーミング再生で聴き放題が可能だ。さらに、ダウンロードして保存し、聴くことも可能となっているが、ダウンロードした曲はアップルミュージックを解約すると聴けなくなる。

そして、ｉＴｕｎｅｓストアからも楽曲の購入はできる。ｉＴｕｎｅｓストアの場合は１曲いくらの料金を支払い、ダウンロードして所有する形態だ。ｉＴｕｎｅｓストアから楽曲をダウンロード購入した場合は、他のデバイスへの転送もできるし、ＣＤへ書き込んで視聴することも可能だ。ところで、アップルが１９９０年代から引きずった危機を乗り越え躍進する原動力には、音楽のネット配信サービスｉＴｕｎｅｓミュージックストアがあり、それが進化してｉＴｕｎｅｓストアとなった歴史を持つ。つまり、ｉＴｕｎｅｓストアはアップルの記念碑的サービスである。

ところが、世界の音楽配信市場はダウンロードからストリーミングに急速にシフトしている。ちなみにストリーミングはサブスクリプション型課金が一般的だ。米国の音楽市場を見ると、2017年で売上の約3分の2はストリーミングが占めていて、前年比の成長率は40%を超えている。一方、ダウンロードは全体の15%にまで落ち込んだ。この傾向は世界市場でも同様で、今後さらにストリーミング配信が増え、ダウンロードは減っていくに違いない。2019年に入るとアップルがiTunesストアでの楽曲のダウンロード販売を終了するといった噂まで聞こえてきた。

音楽ストリーミング配信市場ではスウェーデンス発のSpotify社がトップを走っている。Spotify社は2008年にサービスを開始したが、7年遅れてスタートしたアップルミュージックは世界市場のユーザー数ではまだSpotify社に追いつけないものの、米国内での有料ユーザー数においてはSpotify社を抜いたと報道がなされたのは2018年の夏だった。いずれアップルは、その記念碑的サービスであったiTunesストアでの楽曲のダウンロード販売を終了する日がくるだろう。

アップルは、ネットフリックスなどのようにオリジナルのテレビドラマや映画制作に乗り出し、さらなるステップアップを図ろうとしている。このときも当然、サブスクリプション課金となる。

ソフトだけでなくハードウェアも

アップルはアプリ開発者たちに売り切り型ではなく、サブスクリプションでの課金を勧めている。Ａｐｐストアでアプリ販売を始めた1年目はアプリ開発者は製品価格の70％が受け取れ、それが2年目には85％に増える仕組みを作った。２０１８年8月時点でＡｐｐストアには約3万のアプリがサブスクリプションで販売されている。

今や、サブスクリプションはビジネス界で大きなトレンドになっていて、それはソフトウェア業界だけでなくハードウェアにも及びつつある。

先進国で新車販売に陰りが見えている自動車業界において、トヨタは毎月定額料金でトヨタ車を乗り換え使用できる「ＫＩＮＴＯ（キント）」というサブスクリプション型サービスを２０１８年11月に発表した。消費者の志向が「所有」から「利用」へ変化していることは自動車業界も例外になり得ない。

さらに、ソニーもサブスクリプションでの展開をプレイステーション4や犬型ロボット「ａｉｂｏ」で図り、注目を集めている。

ただし注意すべきは、何でもサブスクリプションにさえすれば売れて、業績が上がるというわけではない点だ。

失敗している例も少なくない。紳士服のＡＯＫＩは定額スーツレンタルを２０１８年に開始したものの半年で終了した。パナソニックは最新のＴＶが月額７５００円で家に届く「安心バリュープラン」を立ち上げたが、市場からの反応は鈍い。

これまでのところ、ソフトウェアはサブスクリプションと相性がいいが、ハードウェアは厳しいのが現実だ。


サブスクリプションで業績改善をした代表格はマイクロソフトだ。ワード、エクセルといったオフィス製品は、従来は売り切り型だったが、ナデルＣＥＯになってから「クラウドシフト」を旗印にサブスクリプションに変更し、マイクロソフトはフリーキャッシュフローを大きく伸ばした。

サブスクリプションは販売手段のひとつだが、売り物となるべき製品（サービス）自体が見劣りしていては話にならない。魅力的な製品があってこそ、顧客は継続的な使用を望む。そのときはじめてサブスクリプションは威力を発揮する。この構造を忘れてはいけない。

ティム・クックの製品は何か？

２００７年、ｉＰｈｏｎｅは携帯電話を再定義し、通信業界に激震をもたらした。それはＡＴ＆Ｔなど通信事業者（日本ならＮＴＴドコモなど）が〝主人〟で、端末メーカーは〝家来〟というこれまでの関係を壊し、アップルが〝主人〟となったことを意味した。毎年快進撃を続けるｉＰｈｏｎｅだが、やはりｉＰｈｏｎｅはジョブズの製品だ。

では、ティム・クックの製品は何だろうか？

それはアップルウォッチだ。ところが、２０１５年に発売された腕時計型端末のアップルウォッチはユーザー間での評価は、「なくても生きていける製品」に甘んじていた。マッキントッシュのような衝撃を世界に与えたわけではないし、ｉＰｏｄのように音楽業界に変革を起こしたわけでもなかった。

しかし、「アップルウォッチのおかげで命を救われた」という人が現れると、状況は変わった。

ニューヨークのジェームズ・グリーンはアップルウォッチの初代製品をいつも腕に着け

ていた。すると2017年10月、心拍数が通常よりも高いことをアップルウォッチがアラートした。グリーンはすぐに病院に行きCTスキャンを受けたところ、肺に血栓が見つかり驚いた。さっそく、超音波治療と血液の粘度を下げる注射が施され、大事には至らなかった。グリーンは「2年前に買ったちっちゃなリストコンピュータが自分の命を救ってくれるなんて想像もできなかった」とビックリしていた。医師からは、あともう少し対応を躊躇《ちゅうちょ》していたら命を落としていた可能性もあったと告げられた。アップルウォッチが命を救ったニュースは全米に流れた。

さらに、2018年にはフロリダ州の18歳の女性ディアナ・レックテンウォルドがアップルウォッチに命を救われた。ある日、彼女が腕にしていたアップルウォッチの心拍センサーが1分間に190という非常に高い脈拍数を突然検出した。

このときディアナは取り立てて体調が悪いと感じていなかったものの、アップルウォッチが医師の診断を受けるように警告を表示していたので、せかされるように近くの診療所に行ってみた。

診察の結果、心拍異常が発生していたことは間違いなかった。ただちに、本格的な診察をしてもらうためタンパ総合病院に急患で飛び込んだ。診断結果は、慢性腎疾患で、二つある腎臓の両方が2割程度しか機能していないという危険な状態だったことが判明した。もし気づかずにいたら、腎臓移植が必要な事態に陥っていたかもしれないと後日、担当医から聞かされた。

命が助かった彼女の母親は、アップルのティム・クックに感謝の手紙を送った。そこには「命を救う素晴らしい製品を作ってくれたアップルに対してこの先ずっと感謝いたします」と書かれていた。アップルウォッチが命を救った出来事はさらに続々と起こっている。

ところで、このアップルウォッチの販売台数は公表されておらず、決算報告書ではＡＩスピーカーのＨｏｍｅＰｏｄなどと共に「その他製品」に含まれている（２０１９年度からは「ウエアラブル、ホーム&アクセサリー」に変更）。しかし、市場調査会社のAsymcoのアナリストHorace Dediuは、発売開始から２０１８年第１四半期までの累計販売数は約４６００万個で累計売上は約１６４億ドルとの見方を公表した。それが正しければ、アップルウォッチの出荷台数はすでにＭａｃシリーズに肩を並べたことになる。

ジョブズとアップルウォッチの関係

アップルウォッチはどうやって誕生したのだろうか。ひとつにはジョブズの病気があった。２００３年にジョブズはすい臓がんに侵されていることが分かり、翌年、摘出手術を受けた。だが、ジョブズとがんとの闘いはその後も続いた。

入院してさまざまな検査を受けていたジョブズが失望したことのひとつに、病院内のヘルスケアのシステムが共有化されずバラバラだったことがある。がんの専門医やすい臓の専門医、痛みを和らげる専門家に栄養士、血液の専門医など、専門別のスペシャリストが入れ替わり立ち替わりジョブズを診断して、検査結果を見てそれぞれで対応していた。こんなバラバラなやり方なんて、ジョブズが君臨するアップルでは考えられないことだった。

患者の健康データが、患者と医者など医療提供者との間できちんと連携されることが重要だとジョブズが痛感したのは当然だったろう。そしてこれは、患者という立場での「ユーザー体験」と言い換えてもいい。

ユーザーの立場で開発中の製品を使い、問題点を一つ一つ指摘し、技術者たちに解決させていく――〝プロダクトピッカー〟としてジョブズは有名だった。マッキントッシュもｉＰｏｄもｉＰｈｏｎｅもそうやって作られてきた。がんで入院していてもその感覚は生きていたのかもしれない。

さて、現在のアップルウォッチのヘルスケアは、個人と医者や医療提供者との間のギャップを埋めるツールと見ることができる。心拍数Ａｐｐを使えば、いつでも心拍数を確認でき、異常があれば知らせてくれる。また、ヘルスケアの「アクティビティ」なら、毎日どの程度動いているか（ムーブ）、何時間運動しているか（エクササイズ）、何時間立っているか（スタンド）がわかるので、医者に見せれば話が早い。

当初は「なくても生きていける製品」だったアップルウォッチが、今後は、「なくては生きていけない製品」として進化していく可能性を見せている。

ジョブズは「デジタル・ハブ」という考えを２００１年のマックワールドで打ち出した。ハブとは中心的な役割を果たすものを意味する。我々の身の回りには、携帯電話やデジタルカメラ、ＤＶカメラ、ＣＤプレーヤーやＤＶＤプレーヤーなど多くのデジタル機器が溢れている。その中心となるハブは、パソコンでありＭａｃだ。これからのＭａｃは、こうしたデジタル製品の中心に位置する機器になるというジョブズの宣言だった。その数ヶ月後にｉＰｏｄが登場し、アップルは本物の成功へと飛翔していった。

２０１５年に登場したアップルウォッチはひょっとすると「メディカル・ハブ」に進化していくのかもしれない。我々の周りのさまざまなメディカル機器と患者をつなぐ中核ハブとしてアップルウォッチが活躍する。それが当たり前になるとき、アップルウォッチが「ティム・クックの製品だ」と認識されるのだろう。

デザインチームとの格闘

アップルウォッチの開発はとてもエキサイティングなものだった。それは、これまで以上にデザインチームと開発チームとのバトルが激しかったからだ。アップルウォッチは小さな腕時計サイズにすべての機能をギュッと詰め込まなければいけないが、あくまで腕時計でなくてはならなかった。

そして、心拍数センサーは、アップルウォッチのヘルスケア機能の中核技術だ。ボブ・メッサーシュミッドはその心拍数センサー開発の中心人物だった。

ボブは、心拍数を手首の内側で測定することを考えて、腕時計のリストバンドに心拍数センサーを配置すべきだと開発会議で提案した。心拍数を正確に測定するには「手首の内側」が最適であり、医療界の常識だったからだ。

しかし、この案はジョナサン・アイブのデザインチームにあっさり却下された。ジョブズが厚い信頼を置いたこの人物から妥協を引き出すことはなかなか簡単ではない。「それはデザインのトレンドじゃない。ファッションのトレンドじゃない！　我々はリストバンドを交換可能にしたいから、バンドに心拍数センサーは付けられない」。ユーザーからすれば当たり前だが、ボブにとっては頭の痛い理由を突きつけられた。

ボブは別の案を考え出すしかなかった。そして次の会議では、「手首の外側にセンサーをつけることはなんとか実現できそうだ。それでも、センサーと皮膚とがしっかり密着するようにリストバンドをきつく締める必要はある」と主張した。

ところが、これに対してもデザインチームは「ダメだ」と却下した。「腕時計をそんなふうに着ける人は誰もいない。みんな腕時計は手首にかなり緩く着けている」という理由だった。

ふつうの製造メーカーではこのようなやりとりはありえない。開発チームが考えた機能がまず最優先だ。その機能を損なわない範囲で、デザインチームが知恵を出し工夫する。それが一般的であり、私が新製品開発の技術者として勤めていたパナソニックでもそうだった。

しかしアップルは違っていた。

結局、ボブたち開発チームとデザインチームとのバトルの結果、たどり着いた結論は、心拍数センサーを手首の外側に面する箇所、つまりアップルウォッチ本体の背面に付けることだった。

ここでアップルウォッチの心拍数センサーの仕組みを話しておこう。このセンサーは「血液が赤いのは、赤色光は反射して、緑色光を吸収しているから」という原理に基づき開発された光電式容量脈波記録法（フォトプレチスモグラフィー）という長ったらしい名前の技術を用いている。

アップルウォッチの本体背面には緑色ＬＥＤライトと感光性フォトダイオードと赤外線ＬＥＤが配置されている（図7）。緑色ＬＥＤライトと感光性フォトダイオードによって、手首を流れる血液の量を検出する。心臓が鼓動を打つと手首を流れる血液が増え、緑色光

図7 アップルウォッチの背面にある心拍数センサー

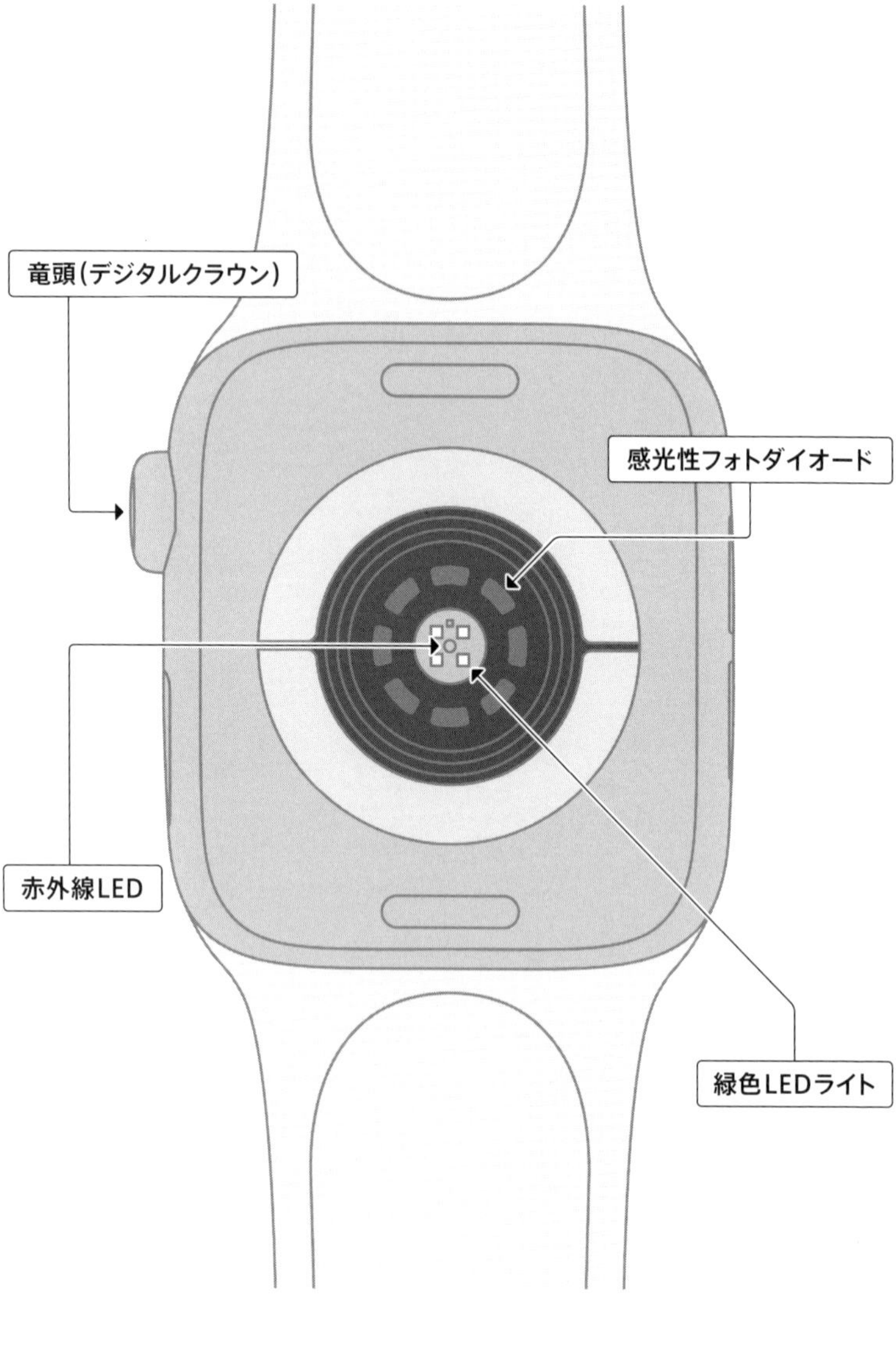

がより多く吸収され、そして、鼓動と鼓動の間では光の吸収量が減る。毎秒数百回緑色LEDライトを点滅させて、心臓が1分間に鼓動を打つ回数を測定する。さらに赤外線LEDはアップルウォッチがバックグラウンドで心拍数測定をするときや、心拍数が異常に高かったときなどの通知用の計測に使われる。

アップルウォッチの心拍数センサーの精度の高さはカリフォルニア大学やスタンフォード大学などが検証し、お墨付きを与えている。

ハイテク「転倒検出機能」の高齢者への恩恵

さらに、2018年9月に発売開始した「アップルウォッチ　シリーズ4」には心拍数センサーに加え、FDA（米国食品医薬品局）承認の心電図計が搭載された。アップルでCOOを務めるジェフ・ウィリアムズが「ユーザーが直接使うことができる初めての心電図製品だ」と誇らしげに話していたのが印象的だった。

心電図測定をするには、アップルウォッチ本体の竜頭（デジタルクラウン）部分に指先を30秒程度触れれば完了する。

なお、心拍数は、1分間に心臓が拍動する回数を表すが、心電図は、心臓が血液を送り出す際の収縮や拡張のリズムや間隔、また状態を調べることができる。この二つの検査で、ほぼ8割程度の確率で心臓病の症状を見つけ出すことができるという専門家もいる。心電図は「健康」という地平を飛び越えて、「医療」の世界へ足を踏みこむものだ。だからFDAの承認が必要だった。

幅4センチ×薄さ1センチの小さなアップルウォッチには大きな機能が詰まっている。64ビットデュアルコアのS4プロセッサー、16GBのメモリー、無線通信機能はLTE、WiFi、Bluetooth、NFC（近距離無線通信）、GPS、ジャイロスコープ、加速度センサー、マイクとスピーカー、リチウムイオン電池、有機ELのタッチスクリーン、そして心拍数センサー、心電図センサーと盛りだくさんなデバイスが開発チームの努力で緻密に詰め込まれている。

ところで、アップルウォッチの心電図計は、24時間の心電図波形を測定するポータブルなホルター心電計のように長時間の測定を行うものではない。しかし、ホルター心電計をつけて24時間測定しても、その間に心拍異常が必ず出現するわけではなく、「異常は見当たりませんね」と医師から言われて病院を後にする患者は少なくない。アップルウォッチの利用者が心拍の異変を感じたときにすぐに測定した心電図データは、医師の診断の手がかりとなり得る。

さらに、アップルウォッチに内蔵してあるジャイロスコープと加速度センサーの性能がアップしたことで、人体の動きをより正確に判別できるようになった。万が一、事故に遭ったり、体調が悪くなって転倒し、1分以上ユーザーが動かなかった場合には、アップルウォッチは自動で緊急電話を発信し、あなたの緊急連絡先にメッセージを送ってくれる。

アップルウォッチに内蔵されているこれらのセンサーが手首の軌道を分析してユーザーが落下したり、転倒したことを検知するこの「転倒検出機能」は、高齢者にとってとりわけ役に立つ機能だろう。

例えば不整脈で突然気を失ってその場に倒れこんでしまう最悪の場合がある。この場合にアップルウォッチを着けていれば、いち早く該当者を見つけて的確な処置ができ、最悪の事態を避けることが可能となる。私の父も不整脈で、時に脈拍が極端に減る〝徐脈〟を発症することがあった。ある日のこと、昼食をとった父は椅子から立ち上がり2、3歩踏み出すと、いきなりその場で気を失いバタンと倒れた。このときは周りに家族がいたから対応できたが、高齢者一人だとそうはいかない。高齢化が進む日本や先進国などでは、アップルウォッチは大きな役割を果たす可能性を秘めている。

血糖値もアップルウォッチで測定できる日

アップルウォッチの心電図測定機能は米ＦＤＡの承認を得たものだ。そして、承認申請からわずか１ヶ月でＦＤＡが認可したというのは異例の早さだった。

この背景にはＦＤＡが２０１７年７月に立ち上げた「Digital Health Software Precertification Pilot Program」があった。これは医療用ソフトウェアの認証プロセスを短縮化するためのパイロットプログラムで、アップルや米ジョンソン＆ジョンソンなど、米国企業７社、スイス企業１社、韓国企業１社の計９社の参加が認定されていた。

医療用ソフトウェアの有効性や安全性を一つ一つの製品ごとに審査するのは時間がかかり、効率的ではない。そう考えたＦＤＡは、ソフトウェアの設計やメンテナンスの手法などを企業ごとに事前に審査し、基準を満たす企業をまず認定する。

その上で、認定された企業が開発した医療用ソフトウェアについて、その提出資料や情報を簡略化して審査の期間短縮、効率化を図る考えだ。この点は日本の厚生労働省なども見習うべきだし、現時点で心電図機能は日本ではまだ使えないことも付け加えておく必要がある。なにより、医療機器は各国で法律や規制が異なるので、ｉＰｈｏｎｅのようなグローバル展開がそんなに容易ではないことも忘れてはいけない。

ところで、「アップルウォッチ　シリーズ4」が製品発表されたのは2018年9月12日で、米FDAが認可を出したのはその前日の9月11日だった。もし、FDAの承認が製品発表日に間に合わなかったら？　新製品のプレゼンは迫力が欠けていたかもしれない。

ティム・クックは初めてアップルウォッチを世に出した2015年に雑誌の取材でこんなことを言っていた。「アップルが世に送り出した革新的な製品のいずれも、発売当初はヒットするとは考えられていなかったように思います。人々がその価値に気付くのは、時が経って過去を振り返ったときなのです。アップルウォッチの場合も同じような展開になるかもしれません」

全米で推定3000万人が糖尿病に苦しんでいるといわれる。糖尿病患者にとって血糖値を測定するには血液を採取する侵襲性（生体を傷つける）の方法しか現在はなく、痛みを伴い患者への負担がある。しかも、使い捨ての器具の消費という問題も抱えている。

次のアップルウォッチでは、血糖値を光センサーによる体を傷つけない「非侵襲性」の画期的な技術開発を進めているといわれている。

アップルウォッチは、〝医療〟というジョブズ時代のアップルが手にしていなかった領域の扉を開けようとしている。だが、医療の世界はシリコンバレーとは歴史もルールも大きく違う。アップル流のやり方が医療でどこまで通用するのか、世界はじっと見守っている。

第7章
アップルの未来

アップルショック襲来

2019年1月、〝アップルショック〟が突如世界を襲った。ナスダックは1日で200ポイント以上値下がりし、1兆ドルを超えピーク時に1兆1000億ドル（約121兆円）あったアップルの時価総額は、わずか5ヶ月間で約35％も急落した。2018年の10月〜12月の四半期業績が、予想を50億ドル下回ったことが主因だった。とりわけ中国市場でのiPhone販売の失速と、米中貿易戦争の余波が相まって株価を大きく引き下げたといわれる。

これは一過性のものなのか、それともアップル凋落《ちょうらく》の序章なのか。さまざまな観測が広がっている。深い霧に包まれたかのようなアップルの状況だが、はっきりしていることが三つある。

第1に、株価の変動に一喜一憂しても意味がないということ。世界的なカネ余りの昨今では、少しのことでも過剰反応し振れ幅が大きくなるし、実力以上のものが現れる。また、余ったカネは〝期待値〟に吸い寄せられる性格を持っている。アップルの時価総額が1兆ドルを超えるまで高騰し続けたことがそもそも実力以上のものだったと捉えるべきだ。もっと上がるのではないかという投資家の期待値がアップル株を押し上げ続けたにすぎない。これまでが出来過ぎだったのだ。

第2に、iPhoneの販売が頭打ちとなったことは間違いない。世界的にスマホ販売は勢いを失っているし、アップルは高価格戦略で販売金額ベースでは伸びてきたものの、3年前と比べて2018年度はわずか7・5％しか伸びていない。

しかも、iPhoneの販売台数でみると、ピーク時は2015年度の2億3122万台だったのに対し、2018年度で2億1772万台と頭打ち感は顕著だ（図8）。iPhoneは登場したときは新たな市場を創出し、ブルーオーシャンで栄耀栄華を極めていたが、すでにレッドオーシャンに突入している。

一方で、競合の中国製スマホは成長を続け市場シェアを伸ばしている。しかも、彼らは個人情報の保護も知的財産権も無視して爆走することができる。

第3に、アップルは製品カテゴリーを広げているが、iPhoneに代わる新たな製品、サービスはまだ登場していない。もちろん、アップルウォッチの売上は2019年で1兆円レベルという観測もあるし、Appストアなどのサービス事業も成長率は高く期待できるが、iPhoneに代わる売上高、利益額にはまだ遠く及ばない。

iPhoneについて少し詳しく見ていこう。既にiPhoneは機種を増やし過ぎて

図8　直近（2018年）までのiPhone販売台数推移

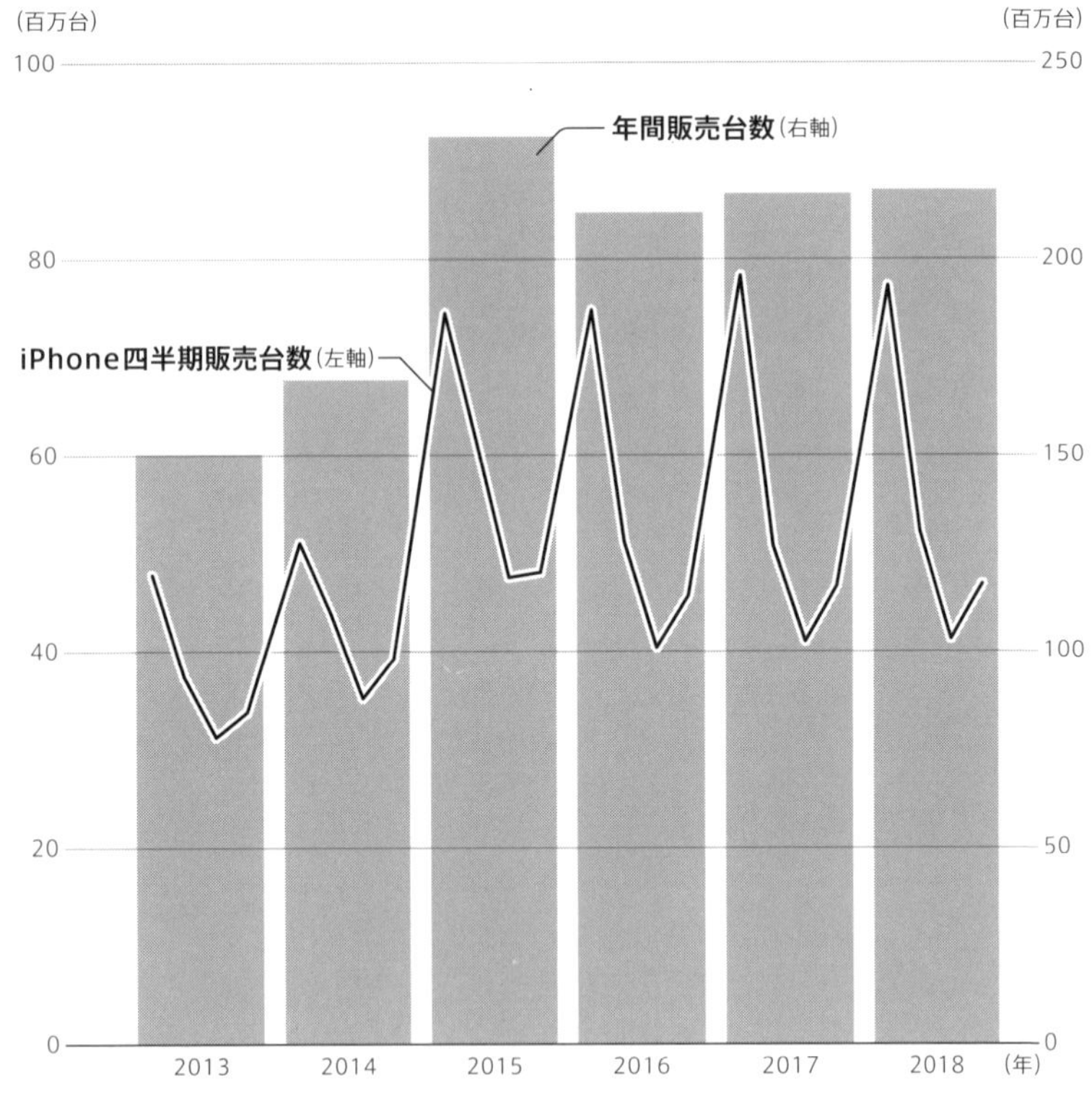

アップルの会計年度（9月末）ベース

出所：アップルのAnnual reportを基に著者が作成。

いると言える。ジョブズが存命中の2009年1月はiPhoneは1機種だけしか販売していなかった。メモリー容量による品種を入れても2品種だった。

だが、クックCEOが誕生して4年後の2015年1月時点では、iPhoneは4機種9品種に増え、さらに、2019年1月では7機種17品種と戦線は拡大している。iPhone7、iPhone8、iPhoneXRなど多くの選択肢が並び、いったいどれを買ったらいいのかユーザーは悩んでしまう。ジョブズ時代にこんなことはなかった。

そもそも、ジョブズはアップルに奇跡の復帰を遂げると、膨れ上がった製品ラインナップをたった四つに整理縮小することで、傾きかけたアップル社を再建した。この事実を忘れてはいけない。そして、アップルが機種を増やすときは販売戦略が下手を打ったときであることは歴史が証明している。「これだ!」という自信作一本に絞って打ち出すことでジョブズ率いるアップルは成功してきた。

ところが、クックが今やっていることはこれとは真逆だ。クックはiPhoneを一本に絞れるだけの自信作を持ち合わせていないとみるべきだろう。

さらに、iPhoneだけでなく、アップルウォッチ、HomePod、AirPodsからアップルペイにAppストア、アップルミュージックなど、果ては映画製作とアップルの戦線が拡大し過ぎていることも明らかだ。これは、善意にとらえればポスト iPhoneの種蒔きとも言えるし、別の見方をすれば、ティム・クックが製品を絞り切れずにあがいているともとれる。

トランプ大統領からの圧力

そのティム・クックCEOには別の頭痛のタネがあった。それはトランプ大統領だ。

2018年9月、トランプ大統領はツイッターで「我々（米政府）が中国に課す多額の関税によって、アップル製品の価格は上昇するかもしれない」とティム・クックCEOとアップルを脅しにかかった。

自分の支持率を上げるために国内雇用の増加を何としてでも成し遂げたいトランプ大統領は、「しかし、関税ゼロの簡単な解決法がある。それどころか、税制優遇措置も受けられる。中国でなく米国で製品を作れ。新しい工場の建設を今すぐ始めろ。エキサイティングだ！」と身勝手な注文を付けクックを揺さぶった。

しかし、本当にティム・クックは米国内にアップルの工場を建てて、アップルの正社員を雇ってiPhoneを製造するのだろうか？

そんなことをすればアップルは傾いてしまうと私は心配する。アジアの国々と比べ、米国のブルーカラーの生産性は低く、人件費は逆に高い。仕事よりも、自分の家族と人生を優先し、権利意識もしっかりしているので、ｉＰｈｏｎｅのように生産数量の急激な変化に対応する生産体制をフレキシブルに敷くことは到底無理だ。上司の命令が絶対的な中国、日本などアジアの国民性と、上司の前でも自分の考えをはっきり言うアメリカ人とでは、製造工程での戦力という面では格段の差がある。ただしあくまでも、経営者の視点からの話だ。

私はアップル社で働く前はパナソニック（当時は松下電器）で働いていて、シカゴのＰＣ工場や台湾のＰＣ工場で実際に作業者がどのように働いているのかをつぶさに見る機会に恵まれた。そこからの体験をお話ししよう。

働かないアメリカ人労働者

シカゴのフランクリンパークにあった松下電器のＰＣ工場は、元々は米モトローラ社が所有していたテレビ工場を１９７４年に買収したものだった。モトローラは携帯電話会社だと思っている人がほとんどだろうが、以前はテレビやラジオなどを作る家電メーカーだった。

そして、シカゴ工場の買収を松下電器が検討していた段階で、松下の経営幹部たちが実際にシカゴ工場で労働者が働いている様子を視察に行くことになった。買収先の情報を書類で眺めていても、本当の姿は見えないと考えたからで、当然のことだった。

今のような自動化が進む以前のことなので、シカゴのテレビ工場では多くの作業が手作業で行われていた。

アメリカ人の従業員の一人がちょうどブラウン管を持ち上げて作業しようとしていたときに、終業のサイレンが工場内に鳴り響いた。すると従業員は持ち上げていたCRTから手を離した。CRTは床に落ちガシャーンと音を立てて粉々に壊れたが、従業員は知らん顔で引きあげていった。

日本から訪れた松下電器の経営幹部たちは、目の前で起きたことが信じられなかった。そして、「こ、こんな工場は買ったらあかん」と全員が顔を見合わせた。

しかし、松下電器のトップは予定通りシカゴ工場を設備と従業員も一緒に買い取った。

それから十数年経って、シカゴ工場の敷地内に私が働いていた事業部がPC工場を立ち上げた。それは米国の貿易関税「スーパー301」への対応策だった。当時、日本製のPCは米国に輸入するとき、スーパー301によって100％関税がかけられていた。理由は、米国内の産業を守るためだった。

100％関税とは、たとえば20万円のPCが米国では40万円になってしまうことを意味する。これでは商売にならない。そこで、松下電器は日本の工場で半完成品にしてシカゴ工場に送り、そこで完成品にすると、100%関税を逃れることができる仕組みを導入した。松下電器だけでなく、日本のメーカーは遅かれ早かれこのような方法を用いて、米国工場を運営していたのだ。

私はシカゴ工場に出張すると、PC生産の様子を何度も目の当たりにした。米国人労働者は終業時間が来ると、その日の生産台数に達していなくてもさっさと帰宅する。

そして日本からの出向者たちが遅くまで残業して埋め合わせをする。その光景は日常的だった。「アメリカ人って、日本人のようには働かねえなぁ」というのが現地出向社員たちの口癖であり、共通の認識だ。ちなみに、これは米国に進出した日系企業のどこの工場でも同じだったようだ。

さて、広いシカゴ工場ではテレビや電子レンジなども作っていたが、NAFTA(北米自由貿易協定)の登場とともに、それら製品の生産はメキシコに移管され、シカゴ工場は消滅した。

米国内のブルーカラーの仕事はどんどん海外に取られていったが、彼らの働きぶりを知っている身からすると、当然だと思う。

ただし、〝働きぶり〟というものはあくまで相対比較の問題だ。日本人から見たら米国人は働かないと言う。ところが、中国人から見たら日本人は働かないと言い、だがその日本人も、1960年代の日本人が今の日本人を見たら、「働かないなぁ」ときっと言うだろう。国が豊かになり、労働者の立場が向上するとそうなっていく。現代資本主義における世界共通の定理だ。

そして、人件費と為替レートという労働者の意思とは関係ない、しかも絶対的な要因も横たわっている。

とりわけ、米国と中国のブルーカラーの人件費の差は、5倍以上はあるだろう。この差はiPhoneのコストとなり製品価格にのしかかってくる。

そこに、ティム・クックが築いたジグソーパズルのように高度で複雑なサプライチェーンをアジア中心に運用している現実は極めて重い。一朝一夕で米国に移管できるレベルのものではないことははっきりしている。

つまり、トランプ大統領の言うとおりにアップルが米国内にアップルの製造工場を作り、アップルの正社員として従業員を雇えば、いずれ設備も人も大きな重荷となってアップルの未来を押しつぶすに違いない。

2030年、米を抜き中国がGDP世界一になる

米中貿易戦争の今後の行方は神様でもわからないだろうが、アップルの業績が大きな影響を被《こうむ》ることだけは確かだ。

その中国は2030年までにGDPでアメリカを追い抜いて世界一の経済大国になるといわれている。そのためにも中国政府が何としてでも成し遂げたいのが「Made in China 2025（「中国製造2025」）」だ。2015年5月19日にその後10年における、つまり2025年までの中国の製造業発展に関連するロードマップと指標が設定された。

そこには、中国が「製造強国」になるための「3段階」が示されている。第1段階は2025年までに製造強国の仲間入りを果たす。第2段階は2035年までに中国の製造業レベルを世界の製造強国陣営の中等レベルにまで到達させる。第3段階は中華人民共和国建国100周年（2049年）までに製造強国としての地位を固め、総合力で世界の製造強国のトップクラスに立つ。それにしても中国人はこういう壮大なものがお好きなようだ。

「中国製造２０２５」の影響はアップルにも及ぶ。なぜなら、「中国製造２０２５」で重要な技術のひとつが「半導体」であるからだ。

習近平体制は中国国内で半導体の開発製造が十分できるレベルに一刻も早く到達したいと考えている。現在の中国での半導体自給率は10％前後と低い。だがこれを２０２０年に40％、２０２５年には70％にまで高める考えだ。

そこで、中国政府系ファンドは精華紫光集団のＹＭＴＣやＪＨＩＣＣ（福建省晋華集成電路）、Ｒｕ：ｉＬ：ｉなど半導体企業に多額の資金援助をして、半導体メモリーの国内生産準備を急がせていた。

どっちが半導体の主導権を握るか

だが、事は簡単には運ばない。２０１８年４月米国政府は、通信機器で世界シェア４位の中国のＺＴＥ社に対し、インテルやクアルコムなどの米国企業との取引を７年間禁止するという制裁を発動した。ＺＴＥ社の製品の中核部分にはインテルやクアルコムなどの半導体が使われていて、取引できなければＺＴＥ社の生命線が絶たれる事態になる。

米中の半導体をめぐるツバぜり合いは数年前から始まっていた。米クアルコムはオランダのＮＸＰ社を４４０億ドルで買収する計画を2年前から進めていた。ところが、中国独禁当局が承認を先延ばしにし、2年間待たせた挙げ句、時間切れとなり、２０１８年7月にクアルコムは買収を断念する事態に陥った。

クアルコムの通信用半導体はアップルも使用しているが、クアルコムは中核事業である携帯端末事業に加え、自動車とＩｏＴ（モノのインターネット）へと事業展開を拡大、加速したい腹積もりだったが、中国政府に邪魔された。

しかし、米国政府も黙っていなかった。同年10月に米商務省は「中国製造２０２５」の中核に位置づけられるＪＨＩＣＣ社を、米国の製品やソフト、技術の輸出を制限する「エンティティリスト」に加えることで対抗した。これにより、中国ＪＨＩＣＣは、米アプライド・マテリアルズやＫＬＡテンコール製の半導体製造装置などを手に入れることができなくなるわけだ。

米国当局が説明した表向きの理由は「安全保障上の問題」だったが、それを信じている関係者はいない。トランプ政権はアメリカの同盟国に対しても「安全保障上の問題」を理由にして鉄鋼製品の関税引き上げを決定していたことからもわかるだろう。

半導体事業は、半導体を作れるだけでは十分ではなく、作るための生産設備も自国で内製できないと、このような外交的要因によって事業の生命線が握られてしまう。

２０１８年12月にファーウェイのＣＦＯがカナダ当局にイランに対する制裁逃れに関与

した疑いで身柄を拘束され、世界中でトップニュースとなった。これも次世代移動通信の「5G」というハイテクでの覇権争いであり、トランプ大統領は「中国製造2025」そのものまでも潰したいと目論んでいる。

トランプ大統領の娘がちゃっかり儲けていた

ところで、中国ZTE社を倒産の危機にまで追い詰めた米政府の制裁措置は、発表から3ヶ月後にZTE社が最大14億ドルの罰金を支払い、経営陣を刷新することで解除された。放火した張本人が消火に出向くような言動はトランプ大統領の特質のひとつだ。

ZTE社への制裁のために「あまりに多くの雇用が中国で失われている」と心配する発言をしたのは習近平ではなくトランプ大統領だった。4月にZTE社への制裁を発動したかと思えば、5月には中国の雇用を心配するツイートを流してみる。行動に一貫性がない大統領らしいともいえるが、見逃してはならないポイントがある。それは娘のイヴァンカだ。

イヴァンカの会社が中国に申請していた商標が5月に入って13件も承認されていた。それは父トランプ大統領がZTE社への制裁緩和を言い出したときと重なる。

米中貿易戦争は、今後も続くだろう。しかし、どれだけ長くても2024年までだ。運良くトランプ大統領が2期目も務めたとしても大統領任期は2024年までで、その後もアップル社が存続していることに疑いをはさむ人はいない。クックCEOがトランプ対策として何をするにしても、2024年までの暫定対策ととらえなくてはいけない。

ところで、言動が支離滅裂なトランプ大統領だが、一点だけ評価できることがある。それは中国による知的財産権侵害への是正、改善を強く要求している点だ。アップルなどハイテク企業はもちろん、日本企業も知的財産権を無視した中国当局の振る舞いに腹を立てていたが、面と向かって中国政府と喧嘩をする度胸はなかった。だが、トランプ大統領はそれを仕掛けた。この結末に各国関係者たちは前向きな期待を寄せているし、もちろんティム・クックもその一人だ。

クックのトランプ大統領批判

対立より協調を重んじるクックCEOだが、時としてトランプ大統領を批判する場面もあった。2017年6月1日、トランプ大統領はパリ協定離脱を発表し世界中を失望させた。

ティム・クックはこのとき、「パリ協定からの離脱という決定は、我々の惑星にとって間違ったことだ。アップルは気候変動防止に取り組むとコミットしているし、私たちは決して揺るがない」とツイートで反旗を翻した。

アップルは地球温暖化を防ぐために再生可能エネルギーの活用に多大な力を注いできたことは既に述べたとおりだ。2014年にはアップルの全てのデータセンターは100%再エネで既に稼働させていたし、米政府がパリ協定離脱を発表したときは、アップルの世界中の全施設で完全に100%再エネ化を達成する直前に来ていた。

米政府のパリ協定離脱に憤る声がアップル社員たちからも数多く上がったことを受けたCEOクックは、気候変動は起きていない、温暖化はでっち上げだと主張するトランプ大統領に真っ向から反論するかのような社内メッセージを送った。

「気候変動は実際に起きています。そして、私たち全員にはそれを防ぐ責任があります。今日の決定（パリ協定離脱の米政府決定）が、アップルの環境保護の努力になんら影響を与えないことを私は保証します」

大統領や権力者がつべこべ言おうとアップルは信じたわが道を行く。この姿勢はジョブズがやってきたことだし、クックになっても変わらないということだ。しかし、企業トップが国の最高権力者に逆らうことは非常に大変で危険なことでもある。

まして、アップルはベンチャー企業ではなく、売上約30兆円の大企業だ。しかも相手は話せばわかる相手ではない。ボブ・ウッドワードのトランプ政権の内幕を暴いた話題本『FEAR』（邦題は「恐怖の男」）によると、国家安全保障会議の席でトランプ大統領は「アメリカは一体、何のために自腹を切って朝鮮半島に軍隊を派遣しているのだ！」とわめきちらしたらしい。するとマティス国防長官（当時）が「第3次世界大戦を防ぐためです」と国際情勢に無知な最高権力者に言って聞かせた。そして、大統領の理解は「小学生程度だ」と吐き捨てたマティス国防長官はもうホワイトハウスにいない。

ところで、この本の著者ボブ・ウッドワードはワシントンポスト紙編集主幹を務めている。そして彼こそ、ニクソン大統領のウォーターゲート事件を徹底した調査で暴き出し、権力からの圧力に屈せず報道し、ニクソンを大統領辞任に追い込んだ人物で、筋金入りのジャーナリストだ。トランプ大統領はウッドワードが書いたこの本を「嘘といんちきの情報源に基づいた本だ」と懸命に批判するが、世間がどちらを信じているかは明らかだ。

前より良いものにして残していく

ティム・クックCEOは太陽光パネルを少し設置しただけで、「再生可能エネルギーを導入した」と公言したがるような安っぽい経営者ではない。彼の再生可能エネルギーに取り組む情熱は他の経営者を圧倒している。資源を完全にリサイクルすることで新たな資源採掘を不要にした製品づくりを行い、サプライヤーでも再エネ100%に対応させようとしている。クローズド・ループによる製品の完全リサイクル化というゴールは極めて高く、多くの専門家が「10年以上かかる」と予測しているほど困難な挑戦である。

どうしてそこまでするのか？　クックはメッセージでこう言っていた。

「私たちの使命は常に、世界を前よりも良いものにして残していくことです。私たちは決して揺るがない。なぜなら、将来の世代の運命は私たちにかかっているからです」

理想だけふりかざして、現実を見ない理想主義者は無力だ。かといって、理想のない現実主義者は迷惑なだけだ。理想を掲げた現実主義者だけが世界を変えるのだろう。それは、Think differentキャンペーンで謳い上げたメッセージと似ている。

そして、現実を理想に近づけるには、志を共にする人々を増やすことが大切だ。

クックは2018年のフォーチュンが主催したビジネス会議で「CEOは沈黙に陥ることなく、意見を述べるべき社会問題については積極的に発言する」と述べた。

最大の悲劇は善人の沈黙である

ティム・クックは16歳のときNRECA（米国農業電力協同組合）主催の作文コンテストで入賞したことがあった。そしてアラバマ州の代表としてワシントンDCに行く前に、アラバマ州知事ジョージ・ウォレスと会うことになる。

だが、この州知事は、1963年に黒人学生がアラバマ大学に入学するのを阻止しようと校門の前に立ちはだかった人物だった。ウォレス知事は白人と黒人、南部と北部は融合できないものだと断じていて、高校2年のクックはこの知事と会うことがどうしても嫌だった。

クック少年にとってのヒーローは、キング牧師とケネディ大統領の弟ロバート・ケネディだった。

ところが、残念ながら彼が育った地域ではキング牧師もケネディも尊敬されていなかった。南部の学校の教科書には、南北戦争は州の権利のために行われたと書かれて、奴隷制度については記載さえされていなかった。

クック少年は何が正しいのか思い悩んだ。そして彼の真実を見つける旅は図書館から始まった。さまざまな本を読みあさっていった結果、間違っているのはウォレス知事の方だと確信した。そして、黒人と白人を分ける人種隔離のような権利の侵害は、断固として存在を許してはならない。平等こそが正しいと南部アラバマに住む少年ははっきり心に刻んだのだった。

それから歳月が過ぎ、アップルで働くようになったティム・クックの部屋にはロバート・ケネディとキング牧師の写真が飾ってある。

ロバート・ケネディは35歳の若さで司法長官となりケネディ大統領を支え、兄がダラスで暗殺された後は、民主党の大統領候補に立候補した。だが、民主党指名選挙キャンペーン中にカリフォルニアで暗殺されてしまう。享年42だった。

ロバート・ケネディは人種問題にも積極的に取り組み、アラバマ大学への黒人学生の入学を認めない同州知事に対し「それでもあなたはアメリカの市民か」と公然と批判した。クックが高校生のときに会いたくないと思ったあの州知事だった。

キング牧師は公民権運動の指導者として有名で、人種差別撤廃を訴えて戦い続けた。そして、「問題になっていることに沈黙するようになったとき、我々の命は終わりに向かい始める」と民衆に説いた。

現代の日本を振り返ってみると、日産や三菱自動車などの自動車メーカーでの燃費偽装や出荷検査問題、はたまた、ブラック企業や長時間残業と過労死、さらには学校でのイジメ、子供への虐待も、周りにいる人たちが問題に沈黙し、悲劇を見て見ぬふりをしている現実が少なくない。「変だな」「おかしいんじゃない」「問題だよ」と心の中で思ったとき、声を上げられるか、それとも沈黙の殻に閉じこもるか、この差は極めて大きい。

キング牧師は「最大の悲劇は、悪人による抑圧や残酷さではない。善人の〝沈黙〟である」と〝沈黙〟についての警鐘を鳴らした。

そして、対外のビジネス会議に出席したクックCEOは、尊敬するキング牧師の「善人の沈黙」を引用して「私は決して、善人の沈黙という類いの人間にはなりたくない」と語っていた。

トランプ大統領の暴走に対しても、地球環境の悪化に対しても、どれだけ多くの善人が沈黙を破り、声を上げ、行動に移せるかが未来を決める。

中国ではなく、米国に最大の工場を作れ

トランプ大統領は２０１７年7月にウォールストリートジャーナルのインタビューで、アップルのティム・クックＣＥＯが「三つの巨大なプラント、美しいプラント」の建設を約束したと述べた。

ｉＰｈｏｎｅは中国で生産しているが、トランプ大統領は「彼（ティム・クックＣＥＯ）は、私に三つの大きい、大きい、大きいプラントを約束した」と手柄話にご満悦だった。

そして、トランプ大統領はこれまで「中国ではなく、米国に最大最善の工場を作るべきだ」とアップルにプレッシャーをかけ続けてきた。

それに対しアップルは10億ドル規模の投資は表明していたものの、工場を設立するとは言っていなかった。

するとトランプ大統領はティム・クックに対し「アップルが米国内の工場の建設に着手しなければ、トランプ政権の経済面での成功は考えられない」と脅しに拍車をかけた。

だが、皇帝ジョブズに長年仕えてきたティム・クックは、暴君との距離の取り方がよく

わかっていた。

クックは2018年に550億ドルの米国内への投資を確約したが、できるだけアップル製品の製造工場を米国内に建てないで済まそうとしているように思える。

まずアップルは、本社アップルパークに続いて、10億ドルを投じて第2の本社キャンパスの建設をテキサス州オースチンで進めている。太陽光パネルなど再生可能エネルギーを100%使用した最新施設を擁し、最大1万5000人が働く予定だ。この投資と雇用は、わがまま大統領トランプを喜ばせる一助になってくれることは確かだ。ちなみに、アマゾンはワシントンDC近郊のアーリントンに第2本社の建設プランを、またグーグルは本社キャンパスの拡張プランを進めているし、フェイスブックも現本社近くに新キャンパスを作る計画だ。これらは事業の成長という背景に加え、トランプ対策という側面も多分に内包している。

さて、アップルはさらに米国内のデータセンターへの投資を計画しており、ティム・クックは100億ドル規模の資金をそこに投入する。

既にカリフォルニア州ニューアーク、ネバダ州リノ、オレゴン州プリンヴィル、ノースカロライナ州メイデン、そしてアリゾナ州メサに巨大なデータセンターをアップルは持っているが、2018年8月にアイオワ州ウォーキーに新たなデータセンターを建てると発表した。13億ドルを投じて建てるこのデータセンターも100%再生可能エネルギー対応で、2020年に稼働開始の見込みだ。550人以上の雇用を創出する考えで、加えて、ウォーキー周辺の開発に1億ドルを寄付するという太っ腹ぶりだ。

アップルは全米50州で200万人の雇用を創出していて、アイオワ州では既に1万人以上を雇用していた。なにはともあれ、米国内のIT企業の求人数は増える一方だ。

ラストベルトを揺さぶる

そして、ティム・クックはとっておきの手を打っていた。2017年に始動した「先進製造業ファンド」を10億ドル（約1100億円）から50億ドル（約5500億円）へと5倍も増額したのだ。このファンドは、米国中部地域で先進的な製造技術に取り組んでいるメーカーに資金提供する位置づけで、ケンタッキー州のコーニング社やテキサス州のフィニサー社などへの資金提供を開始している。

コーニング社はiPhoneのディスプレイ用カバーガラスで使われた「ゴリラガラス」を開発、製造した企業として有名だ。アップルは2億ドルの投資をコーニング社に行って、ケンタッキー州ハロッズバーグの拠点での最先端ガラスの研究開発を後押しする。

3億9000万ドルを投資したフィニサー社は、iPhoneXの顔認証技術Face

ＩＤなどで使用されている垂直共振器面発光レーザー（ＶＣＳＥＬ）の開発、製造を行っている企業だ。需要拡大の増産に伴って２０１２年から閉鎖していたフィニサーの工場の再稼働にも資金は利用され、５００人の新規雇用が創出される。

そして、「先進製造業ファンド」が利用される場所が、米中部地域というのがこのファンドの肝だ。そこはトランプ大統領の支持基盤の保守的で伝統的な価値観の強いところであり、クックはそこに新しい雇用と、新鮮な息吹を吹き込もうとしている。

トランプ大統領は「アップルに、コンピュータを海外でなく米国内で生産させる」と発言してきた。だがよく見ると、ティム・クックがやろうとしていることはこれとは少し違っている。

トランプ大統領は、彼の支持層に職を与えること、つまり、古いテクノロジーの世界に安住し、デジタル新時代に対応できない人たち、対応しようとしない人たちがそのスキルセットのままで職に就けることを夢見ている。

ところが、ティム・クックがやろうとしているのは、新しいテクノロジーを作り出す製造会社にだけ資金を出し、新しい技術に対応できる人たちにだけ雇用の機会を創出しようとするものだ。この違いは大きい。

鴻海のもう一つの活用方法

CEOクックはトランプ大統領の圧力をかわすために、さらに別の手立ても準備してあった。鴻海に米国内で生産をさせることだ。

そして、iPhoneの生産委託をしている鴻海はウィスコンシン州にディスプレイ工場を建設すると2017年7月に発表した。投資額は100億ドルで、1万3000人の米国人を年収5万3000ドルで雇うと鴻海のCEOテリー・ゴウは明言し、全米の注目を集めた。

年収5万3000ドルの従業員ではiPhoneの製造コストが上がってしまうのではと心配してしまうが、テリー・ゴウはしたたかだ。中国政府や自治体相手でも巧みな交渉で有利な局面を作り出してきた。テリー・ゴウの腹の内はまだ読めないが、ウィスコンシン州に作る鴻海のディスプレイ工場では、有機ELディスプレイよりも省電力なマイクロLEDを生産することがかなり高い確率で予測できる。そして、アップル製品でディスプレイは性能でもコストでも重要なデバイスである。

さらに、アップルはインドでのiPhone生産も着々と進めている。これまでは古い機種のｉＰｈｏｎｅＳＥやｉＰｈｏｎｅ６Ｓなどの生産だけだったが、米中貿易戦争の影響を回避するために、ハイエンド機種の生産も行う準備をしている様子だ。万が一、25％の関税がｉＰｈｏｎｅに課されれば、脱中国生産の流れが本格化してもおかしくはない。

権力と真正面から戦うのがジョブズ流だったが、ティム・クックは権力との距離感を上手に取りながら、権力者の逆鱗《げきりん》に触れず、アップルの利益を最大化する道を探っていく。暴君との接し方はジョブズ時代に習得済みだ。クックもなかなか一筋縄ではいかない経営者だ。

アップルの強みは何か？

アップルの強みとは一体何だろうか？　ここで今一度考えてみたい。

Ｍａｃ、ｉＰｏｄ、ｉＰｈｏｎｅとヒット製品にばかり目が行くだろうが、アップルの本当の強みは「ユーザーインターフェイス」にある。複雑で取り扱いが難しいコンピュータと、複雑なことは苦手で、記憶力の悪い人間とを結びつける「ユーザーインターフェイス技術」こそがアップルの強みだ。ＭａｃやｉＰｈｏｎｅなどアップル製品には分厚い取扱説明書がない。初心者でも簡単に使えてしまう。それを成し遂げたのが、アップルの優秀なエンジニアたちの独創的な発想と極限の努力で生み出したインターフェイス技術だ。
そして、このユーザーインターフェイス技術に加えて、「多様性」もアップルの強みである。

スティーブ・ジョブズは周りの人と仲良くすることが幼いときから苦手だった。大人になってもその性格は変わらず、アップルのトップになっても、言っていることがコロコロ変わり、人の意見は聞かない。部下の手柄も横取りしてしまう困ったチャンだった。

そんなジョブズとともにアップルを創業したウォズニアックは、お金に執着せず心優しい人間だが、極端なイタズラ好きで、自分の好きなことに夢中になると突き進んでしまう、これも困ったチャンだった。

こんな困ったチャン二人が作ったアップルには、この二人に負けず劣らずの異端児が集まった。そんな会社がやっていけたのは多様性を受け入れる素地を持っていたからだ。

アップルには、人並みであることや、世間の目を気にするような連中はいない。それどころか、他の誰もやらないこと、人と違うことをして世界を驚かせる。そこに魅力を感じる連中がエネルギーをぶつけ、突っ走ってきた会社だ。私がアップルで働いていたときのこと、他社のあるアプリと似たようなアプリをまねして作ろうと言い出した技術者がいた。すると彼に向かって同僚がまるでゴミでも捨てるようにこう告げた。「あー、そんなもんは、シアトルにやらせとけ」。シアトルとはマイクロソフト社のことだった。アップル社員はマイクロソフトを物まねしかできないレベルの低い会社だと軽蔑していた。

物まねならどの会社でもやる。アップルはどの会社もやらないことをやるんだ。それがアップルの企業カルチャーだった。「まねした電器」と揶揄《やゆ》され、金太郎アメ社員であることが求められていた松下電器から飛び出した私には、その姿勢は新鮮で、嬉しく、驚きだった。多様性がなく、均質な組織からは斬新なイノベーションが生まれるはずがない。

ゲイであることを誇りに思う

ジョブズの実父はアメリカ人ではなく、トランプ大統領が入国禁止措置をした国のひとつシリアの出身だ。そのジョブズが後継者に選んだティム・クックは同性愛者、ゲイだ。ティム・クックは2014年10月にゲイであることを公表した。そして、ビジネスウィーク誌への寄稿で「私はゲイであることを誇りに思っています。ゲイであることは神が私に与えてくれた最大の贈り物だと思っています」と語っていた。ティム・クックが同性愛者であることを多くのアップル社員は知っていたが、それで接し方が変わるということはなかったし、アップルのCEOがゲイだからといってiPhoneの不買運動が起きたわけでもない。

翻って日本では、政権与党の自民党の女性議員が「LGBTは生産性がない」と批判したかと思うと、平沢勝栄衆議院議員が「この人たち（LGBT）ばかりになったら、国がつぶれてしまう」と平気で言い放つありさまだ。

さて、アップルを率いるティム・クックはメッセージの中で「ゲイであることにより、マイノリティーであることが何を意味するのかより深く理解し、他のマイノリティーの人たちが毎日向き合わねばならない困難を知ることができました。それによって私は、より共感できるようになり、さらに豊かな人生になりました」と述べていた。クックがCEOに就任してからの地球温暖化問題やサプライヤーでの労働問題への積極的な対応は、このような弱者への意識があってのことなのかもしれない。

ところで、ティム・クックがアップル社でたった一人の同性愛者、ゲイではないことも知っておいてほしい。私がアップルに在籍していたときにも身近に同性愛者の人はいたし、上席副社長にもLGBTの人はいた。そして周りの同僚たちは普通に接していた。入社年度も年齢も、性別も性的指向も、宗教も肌の色も、アップルでは誰も気にせず、仕事に情熱を注いでいた。

クックはアップルという会社について「私は実に幸運なことに、創造性とイノベーションを愛し、人々の違いを受け入れることが間違いなく繁栄をもたらすと理解している会社で働くことができている」と語り、多様性を受け入れる力の大切さを再認識させてくれた。

多様性のデメリット

だが、多様性が溢れる組織は必ずしも良いことばかりではない。

多様性溢れる組織では、みんなが好き勝手なことを主張し、自分の信じる行動を勝手に取りたがる。リーダーがひとつの方向に向かせようとしても社員たちはなかなか言うことを聞いてくれない。組織的行動が取りにくいというデメリットがある。ギル・アメリオもジョン・スカリーもそこに悩まされた。

多様性豊かで個性溢れるアップル社員の意見をひとつに集約することは至難の業なのだ。あちらの意見こちらの言い分を聞いていると総花的になり、結局は失敗する。日本のサラリーマン社長によくある失敗だ。

ジョブズは、1000のことに「ノー」と言う経営者だった。山ほどの意見の中から本当に価値ある一つを見つけ出す能力。それは、時に「強力なリーダーシップ」と言い換えられ、強力なリーダーシップがなければ、多様性はバラバラなまま四方八方に飛び散ってしまう。

そして、どんな組織でもリソースと時間は限られている。だからリーダーは、何をする・・

かを決める前に、何をしないかを決めなくてはいけない。だがそのとき、「しないことリスト」に入れられたアイデアの発案者はがっかりしてしまう。

がっかりした社員を再起動するのは、リーダーが示した方向が正しかったという結果以外にはない。「なるほど、社長の選択は正しかったんだ」とわかれば、やる気を失っていた社員のやる気に再点火することができる。「あの社長なら次も成功するかもしれない」と従ってくれ、新たな困難に挑戦する気も湧いてくる。

しかし、どれだけカリスマ性があっても、示した方向が間違っていたら、個性的な社員たちはそっぽを向いてしまう。「なんだアイツ、大したことなかったな」と悪し様《あざま》に言われ、リーダーは見限られる。提案を採用されずやる気を失っていた社員は「やっぱり、アイツは見る目がなかったんだ。俺の方が正しかったんだ」となり、「だったら、自分の思うやり方でやろう」と別方向へ走り出してしまう。

強力なリーダーシップとは、その示した方向が結果的に正しかったときにだけ存在し続けるものだ。

ジョブズとて、もっと長く生きてアップルのCEOをしていたら、目利きが外れた製品も出していただろう。その可能性は極めて高い。何と言ってもジョブズは成功より失敗の数の方が多い経営者だったからだ。ネクスト社でCEOをしていたとき、ジョブズの方針が間違っていて経営が傾くと、次々と有能な社員はジョブズの下を去っていった。

どの事業に力を入れ、どの事業から撤退するか。製品のどの機能を捨てて、どの機能に集中するか見極めることは至難の業だ。しかも、いずれになろうと個性的な社員たちは黙っていてはくれない。多様性あふれる企業を率いるリーダーは大変だ。

リーマンショックでも売れたiPhone

もし、日本の大企業が後継社長を選ぶとき、どれほどその人物が優秀で卓越した業績を上げたとしても、同性愛者を選ぶことは決してない。残念ながらそれが今の日本の実力だ。そして今の日本からはアップルのように世界を驚かせ、ライフスタイルを変えるすごい製品は生まれていない。同性愛者やＬＧＢＴに限らず、多様性を受け入れる力が不足しているからだろう。過去と同じものを作るのなら多様性などいらない。同じ発想をする金太郎アメ社員で十分だ。しかし、過去にないものを生み出すには多様性という土壌がなくてはならない。

マッキントッシュの開発中には、コンピュータの専門家たちは口を揃えて「開発なんて不可能だ」と酷評していた。マッキントッシュが発売され、マウスを使ってカーソルを動かす使い方を見たマスコミは「あれでは目が疲れて、使いものにならない」とバッシングした。マッキントッシュは異端の製品であり、それまでのコンピュータの常識では理解できないモノだった。その製品を作り上げるには多様性がなくては無理だった。

2001年、米国を同時多発テロが襲ってから数ヶ月後にアップルは携帯音楽プレーヤーiPodを発表した。価格は約400ドル。当時、アジア製のMP3プレーヤーが100ドルで売られていて、専門家たちは「こんな高いもの誰が買うんだ」とこき下ろした。だが、iPodは音楽業界に革命をもたらした。

2007年にジョブズは携帯電話を再定義すると言ってiPhoneを登場させた。このとき日本の大手携帯通信会社の社長は、「あんなものは携帯電話ではない」とせせら笑っていた。しかし、iPhoneは世界を変えるメガヒット製品となった。

同年9月、リーマンブラザーズが倒産し、その後リーマンショックが世界を襲い、どの企業も前年比業績が大きく悪化した。ところがその中で、唯一アップルだけが業績を伸ばしていた（図9）。それはまさにiPhoneのおかげだった。この頃、米国と敵対するイランでは、若者たちがアメリカの国旗を燃やし憎悪をたぎらせていた。「アメリカに死を！」と叫んでいたその若者たちが、一番欲しいのは、憎きアメリカのiPhoneだった。これぞ正真正銘のヒット商品である。

アップルの多様性を受容する土壌が、ジョブズという異端児に活躍の場を与え、そして、革新的な新製品を生み出すことを可能にした。

図9｜2008年9月に生じたリーマンショックによる各社成長率比較

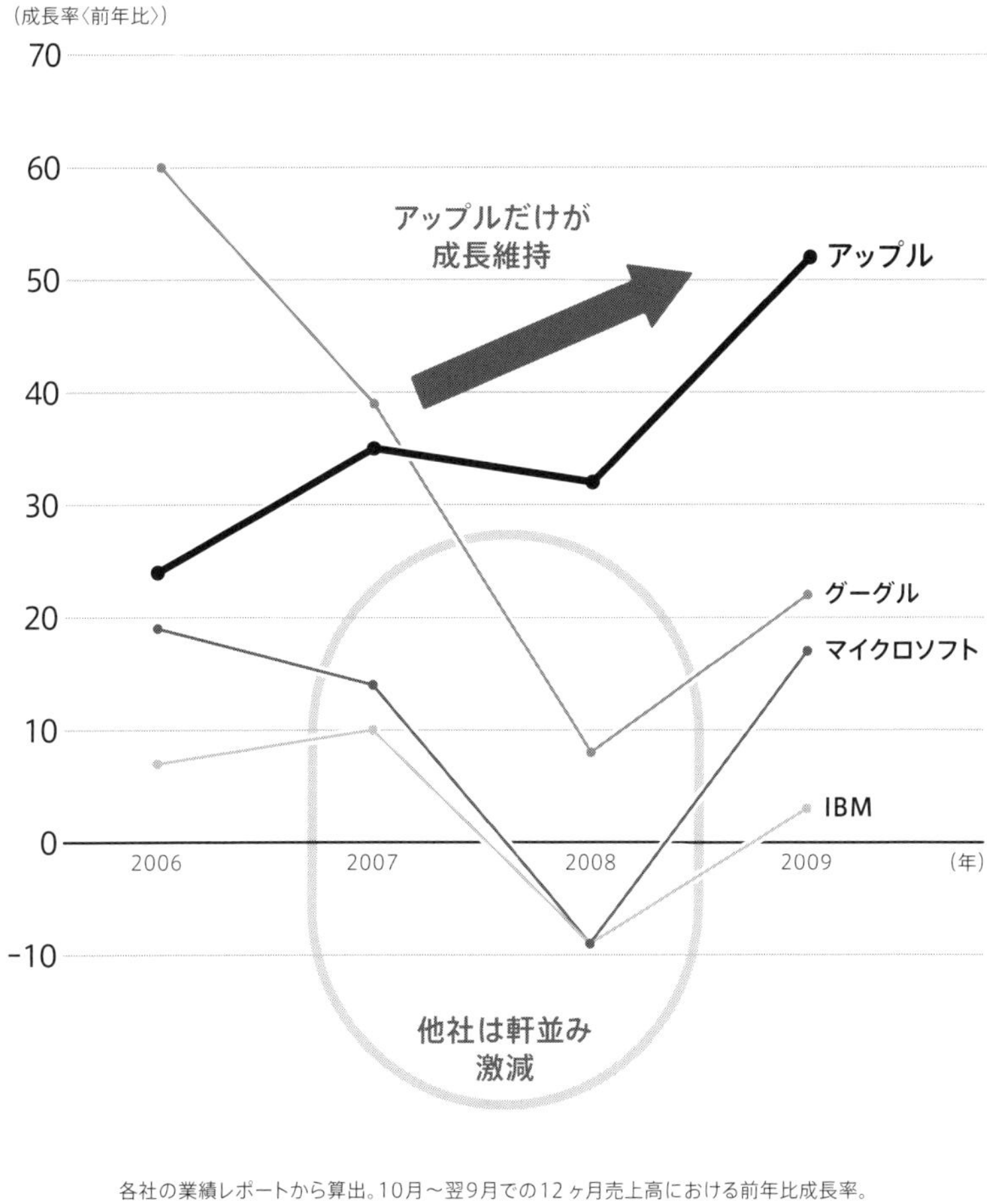

各社の業績レポートから算出。10月～翌9月での12ヶ月売上高における前年比成長率。

アップルが取るべき戦略は

ファーウェイやシャオミなど中国スマホ勢はシェアを伸ばしていて、このままではiPhoneはジリ貧となりかねない。

だが、打つ手がないわけではない。

iPhoneの販売台数が頭打ちになりつつあってもアップルの営業利益率は依然として約26％（2018年度）と高い。一方のファーウェイはスマホ世界出荷台数で2018年にアップルを抜いたが、その営業利益率はアップルの半分程度でしかなく、他の中国スマホ勢はそれ以下だ。

ならば、iPhone価格を下げることで販売台数を伸ばし、市場シェアを奪いにゆくだけのコスト構造をアップルは十分持ち合わせている。

だが、クックはこの戦略を取るべきではない。なぜなら、イノベーション第一主義のアップルは、元来、価格競争に勝ち残る企業体質は持ち合わせていないゆえだ。

アップルの歴史を振り返るとわかってくる。アップルはマッキントッシュを生み出し、マイクロソフトがそれをパクり、他社が安いPCを出して市場は拡大した。アップルはi

Ｐｏｄを誕生させ、アジアの企業がパクって安い携帯音楽プレーヤーを出し、市場は伸びた。ｉＰｈｏｎｅを誕生させ、サムスンや台湾、中国メーカーがパクって安いスマホを売り出し、スマホ市場は急成長した。

アップルは世界を驚かせる製品を〝垂直統合型〟で生み出してきた。ＯＳもハードウェアもアプリもアップル1社で全てを作る垂直統合型は、製品完成度を高めるにはもってこいだが、コスト力に欠ける。そこで他社はアップル製品を真似してより安い価格の製品を出して、市場を拡大する。その間、アップルは安い製品で対抗しようとしたこともあったが、失敗だった。これがアップルを起点とした歴史である。

アップルはスゴイ製品を生み出すことは上手いが、コストダウンは下手な会社だ。なによりアップル社員はコストダウンという仕事になど興味を示さず、情熱もたぎらせない。もし、コスト競争に首を突っ込んだら、アップルは本物の危機に瀕してしまう。

つまり、クックがなすべきことはスマホで価格競争に汗を流すことではなく、ポストｉＰｈｏｎｅを生み出し育て、新しい市場を創出することだ。

時代の流れに乗る

これまでのティム・クックは、ジョブズの遺産を上手にツギハギしながら売りさばいてきたと評しては酷だろうか。少なくとも、オペレーションの秀逸さだけでは通用しなくなっていることは明白だ。そして、周りの意見に耳を傾けるクックは、周りの反対を押し切ってまで事業分野や製品仕様をこれだ！　という一本に絞り込むのは得意ではない。

では、クックではアップルの未来がないかというとそうでもない。むしろ、時代の流れはティム・クックに向いていることは確かだ。そして、どんな経営者も時代の流れに逆らって成功することは無理なことが歴史が証明している。

再生可能エネルギーを使い地球環境に配慮した製品開発やモノづくりは、どの企業でも今後より強く要求されていくし、サプライヤーの労働環境を無視して作った製品からは、消費者は一層足を遠ざけるだろう。ティム・クックがこういった点において優れた手腕を発揮していることは万人が評価するところだ。

もし、ジョブズが元気で今もアップルのＣＥＯとして活躍していたらと想像してみよう。

イノベーションはクックより上手くできただろうが、地球環境に配慮した持続可能な生産活動や、サプライヤーの労働環境問題などCSR的活動には目もくれないことは明らかだ。ジョブズの関心は新しいモノを生み出すことにしか向いていない。その結果、アップルは消費者や環境団体から大きな批判を浴びるだろう。

世界第2位の経済大国でも、言論の自由はなく国民監視を強化する習近平国家主席を相手にジョブズなら喧嘩を売ったに違いない。だがその結果、アップルは中国市場から締め出される事態になっていたかもしれない。

ジョブズの実父の国シリアなど7ヶ国からの入国禁止や、人種差別的言動をするトランプ大統領とは非難の応酬になるだろう。あの大統領に対しジョブズが黙っていられるわけがない。挙げ句にトランプ大統領によってiPhoneへ過大な関税をかけられ、販売台数が落ち込んだかもしれない。ジョブズが今もCEOをしていたら、アップルはすでに経営危機に瀕していた危険性さえある。

ティム・クックは権力者とうまく距離を取りながら、アップルの活路を見出《みいだ》していく術を心得ている。今後さらに強く求められる個人情報保護への対応は、ジョブズ以上にクックは積極的であり、地球環境やサプライヤーの労働問題対応へのティム・クックの取り組みは世界をリードし、時代の先端を走っている。クックがアップルのCEOになったのは時代の要請とも思えるほどだ。

Think different! を

中国スマホ企業のファーウェイやシャオミは、プライバシー保護も知的財産権も地球環境対策も関係なく、ルール無用の戦いでアップルに挑んできているが、気にすべきはそんな敵ではない。

レッドオーシャンとなった現状のマーケットでコスト競争するのではなく、新たなマーケットを創造するポストｉＰｈｏｎｅの新製品を生み出すことが、いまのアップルのＣＥＯの役割だ。

高い利益率と潤沢なキャッシュがある間なら、アップルの株価が多少下がっても取締役会は目をつぶってくれる。

だが、いずれ利益の低下とキャッシュの減少に直面する日は来るに違いない。そのときまでにポストｉＰｈｏｎｅが育っていなければ、取締役会はティム・クックに厳しい目を向け、別のＣＥＯ探しを始めるかもしれない。マスコミは容赦なく無能扱いの記事を連発するだろう。他の企業以上に、良いときでも悪いときでもアップルは紙面のトップを飾る企業なのだ。そして、スティーブ・ジョブズはその試練に耐え抜いて本物の成功を掴んだ。

今後、ｉＰｈｏｎｅの販売が減少し、アップルの株価が下落しても、地球環境を守るためのクローズド型リサイクルのモノづくりを追い求め、個人情報はしっかり守り、サプライヤー企業での労働環境改善にこれまで通り資金も時間も投入しながら、世界を驚かせる新製品やサービスをティム・クックが生み出すことができるか。これはジョブズですらやったことのない前代未聞の挑戦である。

そのためにティム・クックに必要なのは、Think different! だ。

１００の凄いアイデアの中からたった一つを選び出し、多様な価値観を持つアップル社員の溢れる能力をひとつの方向に向かせることができるのか。これまでのオペレーション中心のクック流ではなく、ジョブズ流とも違う、そして、地球環境に配慮した21世紀にふさわしい新たな経営スタイルをティム・クックが自分自身の殻を破って生み出せるか。困難極まりない挑戦だが、時代の流れはクックを後押ししている。

そして、それができたときクック率いるアップルは、新世代のアップルとなって時価総額２兆ドル企業への歩みを始めるのだろう。アラバマ生まれのＣＥＯティム・クックの本当の正念場はこれからだ。

おわりに

私はふと思うことがある。天国のジョブズが今のアップルを見たら、なんと言うだろうかと。

「俺がいないのに、よくここまで頑張ったな」とクックCEOを褒める。などということはまずないだろう。天国に行ってもジョブズの尖った性格は変わるものではない。

「イノベーションが生まれてないじゃないか。クソ野郎ども！」と怒鳴っている可能性の方が高いだろう。

ジョブズはもの凄い経営者だった。そして、もの凄い業績を上げた社長の跡を継ぐのは、もの凄く大変なことだ。少しでもつまずけば過剰な批判をドカンと浴びる。運よく成功しても、普通の成功程度では世間は納得してくれないし、もの凄い業績以上のものを世間は勝手に期待している。

ティム・クックはアップルに入るまで経営トップの職を経験したことはなかった。初めてのCEOがいきなりアップル社だった。こんな無茶なことはない。

そう考えると、ティム・クックは実によくやっていると思う。しかしこれには「オペレーション部門出身にしては」というただし書きがどうしても付いてまわる。

オペレーションの仕事は、サッカーに例えるとディフェンスのフルバックだ。大事なときにミスをしないこと、失点しないことが何より求められる。

では、イノベーションの仕事はというと、センターフォワードだろう。相手ディフェンスを巧みにかわし、驚くようなシュートを放って得点する。アップルは攻撃型チームで、ジョブズはセンターフォワードで超ド級の点取り屋だった。

一方、ティム・クックは抜群のフルバックだったが、今や最前線に出てセンターフォワードとして得点をゲットすることが求められている。

とはいえ、サッカーのフルバックの選手が、次の試合からいきなりセンターフォワードで活躍するのはまず無理だ。しかし、その無理なことにティム・クックは挑戦しなければならない。そもそもアップルは無理なことに挑戦して勝ち残ってきた会社なのだ。

アップルが他社の真似を始めたらおしまいだ。アップルはいつまでたっても、他社から真似される会社であるべきだと思うのは私だけではない。そして、ｉＰｈｏｎｅとは全く別次元のもの凄いイノベーションが生まれることを一番望んでいるのは、天国のジョブズなのかもしれない。

参考文献

- 『野心　郭台銘伝』安田峰俊、プレジデント社、2016年
- 『鴻海帝国の深層』王樵一、永井麻生子訳、翔泳社、2016年
- 「アップルのものづくり経営に学ぶ」百嶋徹、ニッセイ基礎研究所レポート、2013年03月29日
- 「アップル社の成長過程と生産体制の現状に関する研究」秋野晶二、『立教ビジネスレビュー』第8号、2015年
- 『沈みゆく帝国 スティーブ・ジョブズ亡きあと、アップルは偉大な企業でいられるのか』ケイン岩谷ゆかり、井口耕二訳、外村仁解説、日経BP社、2014年
- 『グーグルが日本を破壊する』竹内一正、PHP研究所、2008年
- 『アップル薄氷の500日』ギル・アメリオ、ウィリアム・L・サイモン、中山宥訳、ソフトバンククリエイティブ、1998年
- 「米中戦争」、『週刊ダイヤモンド』、2018年11月24日号
- 「『LGBT』支援の度が過ぎる」、『新潮45』、2018年8月号
- 「スピノザ　『エチカ』」、『100分de名著』、國分功一郎、NHK出版、2018年12月
- 「トヨタ・パナ・ソニーも参戦 サブスク革命」、『週刊ダイヤモンド』、2019年2月2日号
- Adam Lashinsky, Inside Apple, John Murray Publishers Ltd, 2012.
- Walter Isaacson, Steve Jobs, Simon & Schuster, 2011.
- Jeffrey S. Young, William L. Simon, iCon Steve Jobs: The Greatest Second Act in the History of Business, Wiley, 2005.
- Owen W. Linzmayer, Apple Confidential 2.0: The Definitive History of the World's Most Colorful Company, No Starch Press, 2004.
- 「トランプ大統領、アップルに『関税をゼロにしたいならアメリカに工場を作れ』とツイート」engadget日本版、
https://japanese.engadget.com/2018/09/09/trump-apple/
- "Trump Says Apple CEO Has Promised to Build Three Manufacturing Plants in U.S." THE WALL STREET JOURNAL,
https://www.wsj.com/articles/trump-says-apple-ceo-has-promised-to-build-three-manufacturing-plants-in-u-s-1501012372
- "Apple chief Tim Cook condemns 'inhumane' US detention of children" THE IRISH TIMES,
https://www.irishtimes.com/news/world/us/apple-chief-tim-cook-condemns-inhumane-us-detention-of-children-1.3536224

■ "Tim Cook: 'Climate change is real and we all share a resposibility to fight it' " Mashable Asia,
https://mashable.com/2017/06/01/apple-ceo-time-cook-responds-paris-climate-agreeement/#eCi5awTCbkqm
■ "How China Built 'iPhone City' With Billions in Perks for Apple's partner" THE NEW YORK TIMES,
https://www.nytimes.com/2016/12/29/technology/apple-iphone-china-foxconn.html
■「世界最大のiPhone工場を造り出した中国の戦略（前編）」NewsPicks、
https://newspicks.com/news/2098933/body
■「Apple、iPhone 4購入者にケースを無償配布 アンテナ問題解消のため」ITmedia Mobile、
http://www.itmedia.co.jp/mobile/articles/1007/17/news005.html
■ Apple, https://www.apple.com/
■ Apple Investor News, https://investor.apple.com/investor-relations/default.aspx
■ Alphabet Investor Relations,
https://abc.xyz/investor/#_ga=2.246167172.1093335512.1545291763-987388460.1545291763
■ Microsoft Investor Relations, https://www.microsoft.com/en-us/investor
■ Facebook Investor Relations, https://investor.fb.com/home/default.aspx
■「アップル、チップメーカーのIntrinsityを買収」CNET Japan、
https://japan.cnet.com/article/20412822/
■ "Apple buys chipmaker Intrinsity" CNET,
https://www.cnet.com/news/apple-buys-chipmaker-intrinsity/
■「ヘテロジニアスマルチコア構成となったiPhone 7のA10」PC Watch、
https://pc.watch.impress.co.jp/docs/column/kaigai/1022475.html
■ "iPhone X Costs Apple $370 in Materials, IHS Markit Teardown Reveals" IHS Markit,
https://news.ihsmarkit.com/press-release/technology/iphone-x-costs-apple-370-materials-ihs-markit-teardown-reveals
■「アップル、環境問題で中国の環境保護団体に歩み寄り――WSJ報道」CNET Japan、
https://japan.cnet.com/article/35010686/
■「Apple『クローズドループ』へ大前進、2代目iPhoneリサイクルロボ稼働開始」マイナビニュース、
https://news.mynavi.jp/article/20180420-619165/
■ "Exclusive first look: Daisy is Apple's new robot that eats iPhones and spits out recyclable parts" POPULAR SCIENCE,
https://www.popsci.com/apple-iphone-recycling-robot-daisy

■ "Apple Gets Some Praise in China on Environment" THE WALL STREET JOURNAL,
https://www.wsj.com/articles/SB10001424052970203503204577039723753006052
■ "Apple exec on making a completely green iPhone and tackling child labour concerns in supply chain" news.com.au,
https://www.news.com.au/technology/gadgets/apple-exec-on-making-a-completely-green-iphone-and-tackling-child-labour-concerns-in-supply-chain/news-story/f6de8b8f40fdb2956df67868cf2e81ca
■「Appleの環境保護への取り組み、その理想と現実」iPhone Mania、
https://iphone-mania.jp/news-194593/
■「Android端末が安いのは『ユーザーが個人情報を差出すから』と専門家。一方アップルはプライバシー重視を力説」engadget 日本版、https://japanese.engadget.com/2018/10/12/android/
■ "Android devices cheaper than Apple because you're giving up all your personal data: Expart" CNBC,
https://www.cnbc.com/video/2018/10/03/android-devices-are-cheaper-than-apple-because-youre-giving-up-all-your-personal-data-appl-data-privacy-tim-cook-google-googl-regulation-government.html
■ "Eddy Cue: Apple's Rising Mr. Fix-It" THE WALL STREET JOURNAL,
https://www.wsj.com/articles/SB10001424127887324784404578145810125064612
■「フランス政府、デフォルトの検索エンジンとしてGoogleの利用を中止：個人情報の扱いを懸念」YAHOO! JAPAN ニュース、https://news.yahoo.co.jp/byline/satohitoshi/20181125-00105361/
■ "Google will stop scanning Gmail content for ad targeting" ZD Net,
https://www.zdnet.com/article/google-will-stop-scanning-gmail-content-for-ad-targeting/
■ "Steve Jobs: Google's 'Don't Be Evil' Mantra is 'Bulls***' " GIZMODO,
https://gizmodo.com/5460694/steve-jobs-googles-dont-be-evil-mantra-is-bulls
■「米アップル、フェイスブックのウェブ追跡ツールを妨害へ」BBC NEWS JAPAN、
https://www.bbc.com/japanese/44364955
■ "Apple jams Facebook's web-tracking tools" BBC NEWS,
https://www.bbc.com/news/technology-44360273
■「フェイスブックのザッカーバーグ氏、アップルのクック氏に反論」BBC NEWS JAPAN、
https://www.bbc.com/japanese/43625214
■ "Facebook's Zuckerberg fires back at Apple's Tim Cook" BBC NEWS
https://www.bbc.com/news/technology-43619410

■ "Apple Watch notification helps save man's life: 'It would have been fatal'" The Telegraph,
https://www.telegraph.co.uk/technology/2017/10/15/apple-watch-notification-helps-save-mans-life-would-have-fatal/
■「Apple Watchのおかげで命を救われた男性、そしてわかり始めたApple Watchの真の魅力とは」Gigazine、
https://gigazine.net/news/20171022-apple-watch-pulmonary-embolism/
■ "Hillsborough teen: Apple Watch saved my life" abc ACTION NEWS,
https://www.abcactionnews.com/news/region-hillsborough/hillsborough-teen-apple-watch-saved-my-life
■「Appleの元開発者が語る！開発の舞台裏、製品に最新技術を採用しない理由」iPhone Mania、
https://iphone-mania.jp/news-129839/
■ "What I Learned Working With Jony Ive's Team On The Apple Watch" Fast Company,
https://www.fastcompany.com/3062576/what-i-learned-working-with-jony-ives-team-on-the-apple-watch
■「Apple Watch、心拍計としての精度はトップ！スタンフォード大が調査」iPhone Mania、
https://iphone-mania.jp/news-168786/
■ "Accuracy in Wrist-Worn, Sensor-Based Measurements of Heart Rate and Energy Expenditure in a Diverse Cohort" MDPI,
https://www.mdpi.com/2075-4426/7/2/3/htm
■ "Stanford study finds Apple Watch top-notch heart rate monitor, mediocre calorie counter" appleinsider,
http://appleinsider.com/articles/17/05/24/stanford-study-finds-apple-watch-top-notch-heart-rate-monitor-mediocre-calorie-counter
■「Apple Watch、心拍数の異常を97%の精度で検知！米カリフォルニア大学研究」iPhone Mania、
https://iphone-mania.jp/news-167302/
■ "Apple Watch Able to Detect Abnormal Heart Rhythm With 97% Accuracy" MacRumors,
https://www.macrumors.com/2017/05/11/apple-watch-abnormal-heart-rhythm-detection/
■「ティム・クックCEOが語る『アップルウォッチの可能性』」クーリエ・ジャポン、
https://courrier.jp/info/29601/

- “Ad Groups send an Open Letter to Apple Objecting to the new “Intelligent tracking prevention” Setting in Safari” Patently Apple,
https://www.patentlyapple.com/patently-apple/2017/09/ad-groups-send-an-open-letter-to-apple-objecting-to-the-new-intelligent-tracking-prevention-setting-in-safari.html
- “Apple responds to ad group's criticism of Safari cookie blocking” THE LOOP,
http://www.loopinsight.com/2017/09/15/apple-responds-to-ad-groups-criticism-of-safari-cookie-blocking/
- 「アップルのクックCEO、企業の個人データ収集に警鐘——欧州のGDPRを称賛」CNET Japan、https://japan.cnet.com/article/35127534/
- “Apple's Tim Cook: Our personal data is ‘weaponized against us’ by you-know-who” ZD Net,
https://www.zdnet.com/article/apples-tim-cook-our-personal-data-is-weaponized-against-us-by-you-know-who/
- 「アップルのプライヴァシー重視とアドテク排除の動きが、新しい『Safari』から見えた」WIRED、
https://wired.jp/2018/06/07/apple-safari-privacy-wwdc/
- “APPLE JUST MADE SAFARI THE GOOD PRIVACY BROWSER” WIRED,
https://www.wired.com/story/apple-safari-privacy-wwdc/
- “Facebook confirmed Mark Zuckerberg's beef with Apple CEO Tim Cook in an official company statement” Business Insider,
https://www.businessinsider.com/mark-zuckerberg-facebook-tim-cook-apple-conflict-2018-11
- 「FBで拡散するロヒンギャへの憎悪　日本との共通点を指摘する声も」AERA dot、
https://dot.asahi.com/aera/2018111300058.html
- “Apple Watch update. 46 million sold. User base likely 40 to 43 million.” Horace Dediu, Twitter,
https://twitter.com/asymco/status/991645023119790080?s=20
- 「Appleはこれからの5年間で、米国内で3500億ドルの投資をすることを誓った」TechCrunch Japan、
https://jp.techcrunch.com/2018/01/18/2018-01-17-apple-pledges-350-billion-investment-in-us-economy-over-next-five-years/
- “Exclusive: Apple just promised to give US manufacturing a $1 billion boost” CNBC,
https://www.cnbc.com/2017/05/03/exclusive-apple-just-promised-to-give-us-manufacturing-a-1-billion-boost.html
- “What Programming Language Should a Beginner Learn in 2019?” codementor,
https://www.codementor.io/learn-programming/beginner-programming-language-job-salary-community

■ "Tim Cook Speaks Up" Bloomberg,
https://www.bloomberg.com/news/articles/2014-10-30/tim-cook-speaks-up
■「『ティム・クックがAppleを退屈な会社にした』とAppleの元従業員が語る」Gigazine、
https://gigazine.net/news/20170118-tim-cook-made-apple-boring/
■ "Apple grabs 86% of global smartphone profits, iPhone X alone seizes 35%" appleinsider,
https://appleinsider.com/articles/18/04/17/apple-grabs-86-of-smartphone-profits-globally-iphone-x-alone-seizes-35
■「iPhone、10年間で『12億台』を販売　売上は83兆円」Forbes JAPAN、
https://forbesjapan.com/articles/detail/16778
■ "Tim Cook's Freshman Year: The Apple CEO Speaks" Bloomberg,
https://www.bloomberg.com/news/articles/2012-12-06/tim-cooks-freshman-year-the-apple-ceo-speaks
■「アップル　透明性向上による汚染対策の推進　IT 産業サプライチェーン調査研究レポート（第六期）」ジェトロ（日本貿易振興機構）、
https://www.jetro.go.jp/ext_images/jfile/report/07001491/att2.pdf
■ "Former Facebook exec says social media is ripping apart society" THE VERGE,
https://www.theverge.com/2017/12/11/16761016/former-facebook-exec-ripping-apart-society
■ "Here's What Steve Jobs Had to Say About Apple and Privacy in 2010" recode,
https://www.recode.net/2016/2/21/11588068/heres-what-steve-jobs-had-to-say-about-apple-and-privacy-in-2010
■「フランス政府、デフォルトの検索エンジンとしてGoogleの利用停止」マイナビニュース、
https://news.mynavi.jp/article/20181124-728701/
https://mainichi.jp/articles/20190106/k00/00m/010/006000c
■「デマツイートは真実より6倍速く拡散される　MITが12万以上の話題から分析」ねとらぼ、
http://nlab.itmedia.co.jp/nl/articles/1803/09/news122.html
■「Apple Pay、利用者数は1億2,700万人でもiPhone所持者の16%」iPhone Mania,
https://iphone-mania.jp/news-203836/
■「音楽業界が16.5%の二桁成長したアメリカは、いかに『音楽ストリーミングの国』として成功したか？」ALL DIGITAL MUSIC、https://jaykogami.com/2018/04/15100.html
■ "Apple Music Just Surpassed Spotify's U.S. Subscriber Count" Digital Music News,
https://www.digitalmusicnews.com/2018/07/05/apple-music-spotify-us-subscribers-2/

- "Apple CEO Tim Cook says Silicon Valley 'missed it' on gender" msn, https://www.msn.com/en-us/money/careers/apple-ceo-tim-cook-says-silicon-valley-%E2%80%9Cmissed-it%E2%80%9D-on-gender/vi-BBPR5so
- "Google Paid Apple $1 Billion to Keep Search Bar on iPhone" Bloomberg, https://www.bloomberg.com/news/articles/2016-01-22/google-paid-apple-1-billion-to-keep-search-bar-on-iphone

［著者］
竹内一正（たけうち・かずまさ）
ITジャーナリスト、ビジネスコンサルタント、作家。
1957年生まれ、徳島大学大学院修了。米国ノースウェスタン大学客員研究員。松下電器産業（現・パナソニック）に入社、新製品開発、海外ビジネス開拓を担当。アップルコンピュータではMacOS、PowerMacなどのマーケティングに従事。メディアリング（株）代表取締役。2002年にビジネスコンサルティング事務所「オフィス・ケイ」代表。シリコンバレーのハイテク動静に精通。著書に、『スティーブ・ジョブズ　神の交渉力』（経済界）、『イーロン・マスク　世界をつくり変える男』（ダイヤモンド社）、『物語でわかるAI時代の仕事図鑑』（宝島社）ほか多数。

アップルさらなる成長と死角
――ジョブズのいないアップルで起こっていること

2019年３月20日　第１刷発行

著　者――竹内一正
発行所――ダイヤモンド社
〒150-8409　東京都渋谷区神宮前6-12-17
http://www.diamond.co.jp/
電話／03･5778･7232（編集）　03･5778･7240（販売）
装丁――――新井大輔
本文デザイン―布施育哉
製作進行――ダイヤモンド・グラフィック社
印刷――――信毎書籍印刷（本文）・加藤文明社（カバー）
製本――――川島製本所
編集担当――真田友美

ISBN 978-4-478-10726-3